"认识中国·了解中国"书系

"十三五"国家重点出版物出版规划项目

2021—2022年度国家文化出口重点项目

中国互联网治理

匡文波 著

中国人民大学出版社

·北京·

图书在版编目（CIP）数据

中国互联网治理/匡文波著. --北京：中国人民
大学出版社，2021.12
（"认识中国·了解中国"书系）
ISBN 978-7-300-29378-3

Ⅰ.①中… Ⅱ.①匡… Ⅲ.①互联网络-管理-研究
-中国 Ⅳ.①TP393.407

中国版本图书馆 CIP 数据核字（2022）第 023103 号

国家出版基金项目
"认识中国·了解中国"书系
"十三五"国家重点出版物出版规划项目
2021—2022 年度国家文化出口重点项目
中国互联网治理
匡文波　著
Zhongguo Hulianwang Zhili

出版发行	中国人民大学出版社				
社　　址	北京中关村大街 31 号		**邮政编码**	100080	
电　　话	010 - 62511242（总编室）		010 - 62511770（质管部）		
	010 - 82501766（邮购部）		010 - 62514148（门市部）		
	010 - 62515195（发行公司）		010 - 62515275（盗版举报）		
网　　址	http://www.crup.com.cn				
经　　销	新华书店				
印　　刷	天津中印联印务有限公司				
规　　格	170 mm×240 mm　16 开本		**版　　次**	2021 年 12 月第 1 版	
印　　张	11.5		**印　　次**	2021 年 12 月第 1 次印刷	
字　　数	145 000		**定　　价**	56.00 元	

前　言

　　从互联网诞生之日起，其治理问题就伴随而生。虽然在互联网发展早期，国家并没有直接对其进行治理，但就广义的治理而言，在国家治理介入以前，不同的互联网组织，如互联网名称与数字地址分配机构 ICANN、国际互联网工程任务组 IETF 就已经通过标准制定、发布指令等方式对网络空间进行管理和治理，互联网业界和网民自身也都通过各种方式进行自我治理。在学界，对互联网治理的争论同样由来已久。网络自由主义者一度主张，网络空间因其去中心化、无实体、跨国界等特征无法被治理，网络社会作为一种新的社会形态亦不应被政府治理。但随着互联网的快速发展，人们开始认识到，网络空间实际上是现实世界的延伸和映射，它所展示的只是现实生活中的场景，无法脱离现实社会，对它必须要有一些控制的手段。国家对网络空间的最初治理动机来自对网络上色情内容的控制，随后，出于未成年人保护、反恐和国家安全、文化保护等的目的，不同国家纷纷开始对网络空间进行治理。在当今世界，对互联网的治理是所有国家面临的一个重要问题。

　　1994 年，中国实现了与国际互联网的第一条 TCP/IP 全功能链接，成为互联网大家庭中的一员。此后，中国互联网飞速发展。2008 年，中国网民人数超越美国，成为全球第一。根据中国互联网络信息中心的统计，截至 2021 年 6 月，我国网民规模为 10.11 亿，互联网普及率达 71.6％；手机网民规模为 10.07 亿，网民中使用手机上网的比例达 99.6%；我国农村网民规模为 2.97 亿，占网民整体的 29.4%。

出于对意识形态和国家安全、网络色情信息、谣言等的管控的目的，中国对网络空间进行了范围深广的治理。就治理手段而言，既有通过法律法规等进行的国家直接治理，也有由国家和社会组织、业界共同进行的合作治理。

在国家直接治理方面，一是通过制定法律法规进行治理，包括2001 年《全国人民代表大会常务委员会关于维护互联网安全的决定》、2004 年《中华人民共和国电子签名法》和 2012 年《全国人大常委会关于加强网络信息保护的决定》，以及与互联网直接相关的《中华人民共和国电信条例》《互联网信息服务管理办法》《信息网络传播权保护条例》《互联网上网服务营业场所管理条例》等 10 余部法规和 20 多个部门规章。二是开展专项行动，进行运动式治理，比如旨在净化网络环境的"净网"行动、打击整治网络谣言专项行动、"网络敲诈和有偿删帖"专项整治行动等。

中国政府牵头成立了中国互联网协会、中国互联网联合辟谣平台等合作治理机构。虽然中国对网络空间的治理经常被认为是由政府主导的，但中国也发展出了以自我治理为代表的替代性治理方式，互联网行业和网民的自律机制也日渐规范，如新浪微博 2012 年制定了《新浪微博社区公约（试行）》，对微博用户的行为规范和管理方式作出了详细规定。

就网络空间治理的领域而言，内容治理是中国政府最重要的关注点，并已成为中国法律、技术和自我治理的互联网治理的核心。中国除了对网络色情内容、未成年人保护等一般治理领域进行治理外，还尤其重视互联网的意识形态安全治理。

总的来看，由于国家体制、治理传统和文化的不同，与欧美国家相比较，中国网络空间的内容治理显示出鲜明的特点。

本书将中国互联网治理最有特色的部分展示给读者，供相关学者、管理者、互联网及媒体从业者参考，以期抛砖引玉。

目　录

China's **Internet Governance**

China's **Internet Governance**

第 1 章 ┈┈┈

中国互联网的治理：政府层面

1

中国互联网的治理：政府层面

第 1 节　中国互联网治理的基本方针

党的十八大以来，以习近平同志为核心的党中央多次强调要着力提升国家软实力，促进科技创新，保障我国网络安全和国家安全。在中央网络安全和信息化领导小组第一次会议上，习近平提出了"努力把我国建设成为网络强国"的总目标。建设网络强国，是习近平总书记在全面客观分析当前我国互联网发展基本国情及全球发展新形势基础上作出的重大部署。由"网络大国"向"网络强国"的转型，不仅表明了我国互联网治理的战略机遇和发展路径，而且将对未来互联网全球新秩序的形成和规则制定产生深远影响。

网络空间是亿万民众共同的精神家园。加强网上正面宣传，培育积极健康、向上向善的网络文化，用社会主义核心价值观和人类优秀文明成果滋养人心、滋养社会，做到正能量充沛、主旋律高昂，是网络综合治理的重要任务。人民网等主流媒体是网上正能量传播的主力军和主阵地，今后将进一步推动媒体融合向纵深发展，扩大主流价值影响力版图，让网络空间成为我们党凝聚共识的新空间。

以习近平同志为核心的党中央高度重视互联网发展和网络空间治理工作，早在 2014 年习近平总书记就作出了我国已成为网络大国的重要论断。可见，用好管好互联网，既事关数亿网民的获得感，又事关网络强国建设步伐。

目前，网络信息安全在某种意义上也将对国家关系产生挑战。习近平指出，在信息领域没有双重标准，各国都有权维护自己的信息安全，不能一个国家安全而其他国家不安全，一部分国家安全而另一部分国家不安全，更不能牺牲别国安全谋求自身所谓绝对安全。习近平总书记还前瞻性地将网络安全、信息安全提升到了国家整体安全的战略高度，在 2014 年 4 月主持召开的中央国安委第一次会议上明确提出了总体国家安全观，将信息安全视为国家安全体系中的关键因素之一，要求准确把握国家安全形势变化新特点新趋势，坚持总体国家安全观。

建设网络强国是我国网络安全以及国家整体安全的基本保障之一，以习近平同志为核心的党中央深入分析了当下我国所面对的客观问题，并以发展的眼光进行了战略规划和部署。在体制机制方面，习近平指出，"坚持积极利用、科学发展、依法管理、确保安全的方针，加大依法管理网络力度，完善互联网管理领导体制。目的是整合相关机构职能，形成从技术到内容、从日常安全到打击犯罪的互联网管理合力，确保网络正确运用和安全；针对建设网络强国的具体要求，习近平强调，"要有自己的技术，有过硬的技术；要有丰富全面的信息服务，繁荣发展的网络文化；要有良好的信息基础设施，形成实力雄厚的信息经济；要有高素质的网络安全和信息化人才队伍；要积极开展双边、多边的互联网国际交流合作"。同时，习近平以大国领导人的担当和全球的视野眼光指出：保障网络安全，促进有序发展；推动制定各方普遍接受的网络空间国际规则，共同维护网络空间和平安全；构建互联网治理体系，促进公平正义；坚持多边参与；更加平衡地反映大多数国家意愿和利益。

习近平在为第二届世界互联网大会致辞时强调，世界范围内侵害个人隐私、侵犯知识产权、网络犯罪等时有发生，网络监听、网络攻击、网络恐怖主义活动等成为全球公害。我国自1994年引入互联网技术以来，逐步确立了对互联网的系统性管理，其中包括通过技术手段过滤非法信息内容。随着互联网应用程序的不断普及，个人隐私的安全保护以及非法获取个人信息的监管问题将比以往更加突出。我国现行的有关法律法规虽然涉及网络空间个人隐私权的法律保护问题，但缺少操作细则。云计算、大数据应用的进一步发展，使个人隐私的安全问题继续面临极大的挑战。习近平总书记要求确保互联网依法可管可控，加强互联网领域立法，完善网络信息服务、网络安全保护、网络社会管理等方面的法律法规，依法规范网络行为。

互联网发展无国界、无边界，互联网发展带来红利，也带来挑战。习近平提出了推进全球互联网治理体系变革的"四项原则"和构建网络空间命运共同体的"五点主张"。实践证明，只有尊重各个国家的网络主权，互联网给全球带来的问题和挑战才能有效解决，国际社会才能加强对话与合作，"尊重网络主权"理应成为国与国和平共处的重要保障，而"维护和平安全、促进开放合作、构建良好秩序"是推动国际互联网治理体系变革、促进网络公平正义的重要指导原则。只有形成良好的互联网秩序，互联网信息才能自由流动，网络空间的公平正义才能得到维护，自由与秩序才能平衡，由此才能共同分享全球信息革命的机遇和成果，形成你中有我、我中有你的网络空间命运共同体。

立足中国、面向世界的中国网络空间治理举措，顺应了世界潮流，成为全球互联网治理领域的中国声音，其必将为全球互联网的未来发展提供切实可行的实践路径。

第 2 节　国家级治理机构

国家治理是达成公共政策目的的重要手段，在互联网空间治理领域，政府是当仁不让的主角。中国政府对网络空间内容进行了严格的治理，力图在党管媒体的总要求下，在导向把关、内容管控等方面对网络空间施行与传统媒体统一的标准，强调党和国家在网络内容管理中的领导权。

中国在国家级层面对互联网空间进行治理的机构，最早可追溯至1996 年 4 月成立的国务院信息化工作领导小组[①]，并以原国家经济信息化联席会议办公室为班底成立的国务院信息化工作领导小组办公

---

　　① 在国务院信息化工作领导小组之前，1986 年 2 月，为顺利进行国家经济信息自动化管理系统建设，国务院办公厅批准由国家计委牵头成立了国家经济信息管理领导小组。1993 年 12 月，国务院批准成立国家经济信息化联席会议，目的是加强国家经济信息网的建设，推动国家信息化事业的健康发展，时任国务院副总理邹家华任主席。这两个机构，可以看作国务院信息化工作领导小组的前身，但尚未涉及互联网管理工作。

室。其后，1999 年 12 月，国家信息化工作领导小组成立，由国务院副总理吴邦国任组长，领导小组不单设办事机构，具体工作由信息产业部承担。2001 年 8 月，国家信息化领导小组重新组建，并提升规格，由国务院总理朱镕基任组长，同时成立办事机构国务院信息化工作办公室。2003 年，国务院换届后，国家成立新一届国家信息化领导小组，并在其下成立国家网络与信息安全协调小组。2008 年 3 月，国务院设立工业和信息化部，原信息产业部和原国务院信息化工作办公室的职责划归工业和信息化部。2014 年 2 月，中央网络安全和信息化领导小组成立，同时成立办事机构中央网络安全和信息化领导小组办公室，由国家互联网信息办公室承担具体职责。

领导小组①是中国政治中一项独特的政治安排，是中国党政关系最核心的联结点之一。考察信息化和网络安全领导小组设立原因和具体职责等的变迁，对理解中国网络空间治理具有标杆性意义。

第一，国家层面对信息化和网络安全的重视程度不断提高。表现为领导小组的层级越来越高，担任领导小组组长的职级也不断提高。1996 年和 1999 年领导小组组长为国务院副总理，2001 年升格为国务院总理，2014 年则由中共中央总书记、国家主席亲自挂帅，国务院总理担任副组长。

第二，在促进信息化发展和维护网络安全两个主要目标上，国家政策重心不断调整。1996 年国务院信息化工作领导小组的目标是单纯的信息化建设，尚未涉及网络安全，出发点是必须把加快信息化进程放到重要的战略地位上来。1999—2003 年，国家政策重点仍是加快信息化建设，但开始注意信息安全问题。1999 年，国家信息化工作领导小组就计算机网络和信息安全专设了办公室，作为常设机构之一；2001 年，国家信息化领导小组提出的设立目的是综合协调政治、经济、文化、军事等各个领域的信息化和信息安全工作。不过，这一

———————————

① 领导小组通常出于重视和力图解决某个问题的需要而成立，由权力层级较高的领导和部门牵头、联合各相关机构组成，承担着政策研究和规划、信息交流与沟通、政策执行的协调与监督等功能。

时期，信息安全主要还是指信息技术方面的安全，很少涉及对"有害信息内容"的管理。2003—2014 年，国家政策重点调整为信息化和网络安全并重，标志性事件是 2003 年国家网络与信息安全协调小组的成立，该小组成立的目的是应对日益严峻的网络与信息安全形势。2003 年 7 月，新一届国家信息化领导小组召开会议，会议的重点议程就是讨论《关于加强信息安全保障工作的意见》。在此期间，对"信息安全"的界定也开始扩展到文化内容安全领域。2007 年，中央层面首提国家文化信息安全，要求加强信息产业发展与网络文化发展的统筹协调。2014 年，以中央网络安全和信息化领导小组成立为标志，国家政策重点调整为网络安全与信息化并重，网络安全前置。

这一时期，将以往的"信息安全"改称为"网络安全"，字面上看，有助于改变"信息安全"被理解为"信息内容安全"的倾向。同时，从信息安全到网络安全，不仅提法变了，内涵也在变化，网络政治安全和意识形态安全被放到了高度重要的位置。

一、国家部委间及央地的治理分工安排

在国家部委层面，中国的治理分工比较复杂，涉及 10 余个部委。从管理分工来看，国家部委层面的分工机制简而言之就是分工负责、齐抓共管。

在制度层面，中国对中央国家机关和部委的分工明确作出安排的主要有两个文件：2004 年中共中央办公厅、国务院办公厅发布的《关于进一步加强互联网管理工作的意见》和 2006 年中宣部等 16 个部门联合发布的《互联网站管理协调工作方案》。

由于 2004 年《关于进一步加强互联网管理工作的意见》没有公开发布，我们根据地方落实中央精神而发布的文件如中共山西省委办公厅、山西省人民政府办公厅《关于进一步加强互联网管理工作的意见》和相关报道，将《关于进一步加强互联网管理工作的意见》对互联网管理部门的分工做了整理（见图 1-1）。

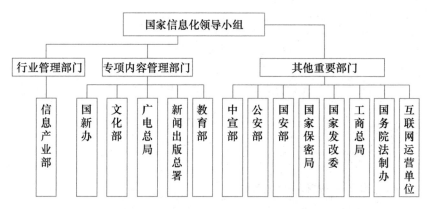

图 1-1 2004 年《关于进一步加强互联网管理工作的意见》中互联网管理部门的分工

按照这个分工，信息产业部作为行业管理部门，在互联网管理中的作用举足轻重，除独立承担对互联网的监管责任之外，也实际参与互联网专项内容管理工作，信息产业部配合有关部门重点对社会反应强烈、信息安全问题突出的垃圾电子邮件、诈骗短信息、互联网淫秽色情信息等开展了专项治理。专项内容管理部门中，除了宣传文化系统之外，还加上了教育部，主要是因为教育部承担着高校校园网络信息建设与管理的责任，需要加强校园网络管理和网上舆论引导，加强高校校园网的管理和使用，使其成为思想政治教育工作的新渠道。

2006 年《互联网站管理协调工作方案》在 2004 年分工的基础上进一步作了完善（见图 1-2），主要是突出中宣部作为意识形态指导协调部门的地位，并对专项内容主管部门各自的职能作了明确。具体来说，信息产业部仍是互联网管理的核心部门，由于全国互联网站管理工作协调小组办公室设在信息产业部，信息产业部实际负责着整个互联网管理工作的协调。其他主要部门分工包括：国务院新闻办公室负责互联网意识形态工作，具体协调互联网意识形态管理，统筹宣传文化系统网上管理；公安机关负责互联网站安全监督，依法处罚和打击网上违法犯罪行为；国家安全机关负责对互联网站涉及国家安全事项的信息内容进行监督检查，公安机关、国家安全机关和国家保密工作主管部门提供年度审核意见。

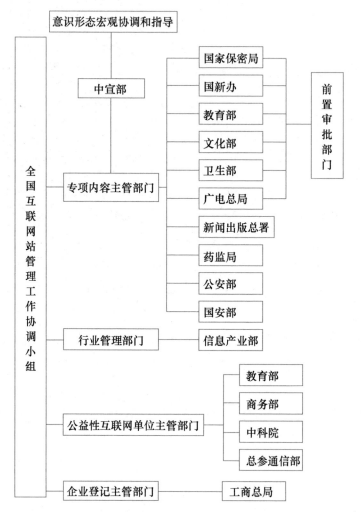

**图 1-2 2006 年《互联网站管理协调工作方案》
中互联网站管理协调工作的分工**

注：中宣部不属于全国协调小组成员，但省级党委宣传部属于省级协调小组成员。

其他未专门列出的重要专项内容主管部门主要是文化部、国家广播电影电视总局和国家新闻出版总署，《互联网站管理协调工作方案》并没有对其具体职能作出说明。2008 年，国务院专门下发的文化部、国家广播电影电视总局、国家新闻出版总署等三部门主要职责内设机构和人员编制规定的通知，对三部门的网络管理分工作了明确：文化部负责文艺类产品网上传播的前置审批工作，负责对网吧等上网服务营业场所实行经营许可证管理，对网络游戏服务进行监管（不含网络游戏的网上出版前置审批）；国家广播电影电视总局负责监管信息网络视听节目（包括影视类音像制品的网上播放）服务和公共视听载体播放，审查其内容和质量；国家新闻出版总署负责监督管理互联网出版工作。此外，教育部主要负责高等学校网络建设和管理工作，也是意识形态方面内容管理的重要部门。

2006 年的《互联网站管理协调工作方案》基本确定了中国互联网管理制度和各部门的职责和权限，其基本框架一直被沿袭至今。

2006 年《互联网站管理协调工作方案》所划定的内容治理部门有 10 个，加上作为意识形态指导协调部门的中宣部共 11 个。除宣传系统部门外还包括教育部、卫生部、国家食品药品监督管理局、公安部、国安部和国家保密局。这其中，卫生部和国家食品药品监督管理局主要对网上医疗保健信息和药品信息进行治理，属于对经济性内容的治理；国家保密局对涉密内容进行专项治理。

就宣传系统的五个部门（中宣部、国新办、文化部、广电总局、新闻出版总署）而言，《互联网站管理协调工作方案》对其在治理中承担的职能并非平行设置。国新办、文化部、广电总局、新闻出版总署等部门都处在中宣部系统，受中宣部的指导；国新办（包括后来的国信办）也承担了更为重要的职能，不仅具体负责互联网信息内容管理，还协调统筹整个宣传文化系统的网上工作；其他三个部门主要是专项内容管理。信息产业部（2008 年之后改名为工业和信息化部）作为互联网行业管理部门，虽然不直接对网络内容进行管理[①]，但实际上，工信部和公安部仍是互联网信息内容实施监督管理的主要承担者[②]。

---

　　① 早在 1999 年 12 月，信息产业部部长吴基传就谈道：互联网服务提供商将由信息产业部进行监管，互联网内容提供商将由其他政府部门进行监管。参见：郑永年. 技术赋权：中国的互联网、国家与社会. 北京：东方出版社，2014：74.

　　② 根据 2012 年国家互联网信息办公室、工业和信息化部《互联网信息服务管理办法（修订草案征求意见稿）》，国家互联网信息内容主管部门依照职责"协调国务院电信主管部门、国务院公安部门及其他相关部门对互联网信息内容实施监督管理"。参见：http://www.gov.cn/gzdt/2012-06/07/content_2155471.htm.

面对繁重的网络空间的内容治理，本作为外宣机构的国务院新闻办公室力量有限、统筹能力不足的问题也渐渐显露出来。因此，为进一步加强互联网建设、发展和管理，加强统筹协调，2010 年 1 月，国务院设立了国家互联网信息办公室（简称国信办）①，专职承担互联网内容管理的指导协调工作。2014 年 8 月，国务院又授权重新组建的国信办负责全国互联网信息内容管理工作，并负责监督管理执法。这使得国信办由原来的综合协调部门变成综合执法部门。2014 年 2 月，中共中央成立网络安全和信息化小组，办公室（中央网信办）设在国家网信办，国家网信办的职能进一步扩张，按照2015 年《中央编办关于工业和信息化部有关职责和机构调整的通知》，国家网信办又承担了原属工信部的信息化推进、网络信息安全协调等职责，已经超出了单一的内容治理。

中央和地方的管理协调机制较为简单。中国政府采取的是"属地化管理""谁主管谁负责"的机制，国新办原主任王晨在全国人大常委会所作的一次报告中说，中国政府"不断加强属地化管理，初步形成中央和地方分级管理、指挥比较顺畅、运转比较顺利的两级管理体系"。

这里所谓"属地化管理"，指的是地方政府成立地方网信办，对所在地所属的互联网企业和网民等进行直接管理，但地方网信办工作同时受国家网信办的指导协调。"两级管理体系"指的是中央和地方两级管理，在实践中，两级管理体系又被扩展为四级管理体系，即中央、省、市、县都设立网络安全和信息化领导小组和网信办，整个体系被统称为"网信系统"。

---

① 按照国务院办公厅的通知，国家互联网信息办公室的职责包括：落实互联网信息传播方针政策和推动互联网信息传播法制建设，指导、协调、督促有关部门加强互联网信息内容管理，负责网络新闻业务及其他相关业务的审批和日常监管，指导有关部门做好网络游戏、网络视听、网络出版等网络文化领域业务布局规划，协调有关部门做好网络文化阵地建设的规划和实施工作，负责重点新闻网站的规划建设，组织、协调网上宣传工作，依法查处违法违规网站，指导有关部门督促电信运营企业、接入服务企业、域名注册管理和服务机构等做好域名注册、互联网地址（IP 地址）分配、网站登记备案、接入等互联网基础管理工作，在职责范围内指导各地互联网有关部门开展工作。

从实际工作过程来看，国家网信办在内容治理中发挥绝对主导作用，通过下发指导文件和召开工作会议等形式对地方网信办进行指导和要求，地方网信办配合落实。如 2015 年 1 月 21 日，国家网信办联合工业和信息化部等部门开展"网络敲诈和有偿删帖"专项整治工作，次日，国家网信办便召开全国网信系统会议部署落实，地方网信系统随之行动起来，发布公告及受理举报的邮件地址。

二、国家治理针对的内容分类

一般内容治理研究中，习惯把治理的内容分为两个方面——非法的内容和有害的内容，原因是把治理作为禁止来理解，网络内容管制的客体是指禁止在网上传播的内容或资料。其实，治理无论在政治学、经济学还是法学等学科中，都是在"控制""规范"的意义上使用的。在媒介治理中，西方对广电媒介的治理除了对淫秽色情等非法内容进行禁止以外，还有基于公共利益考虑而促进某些节目播出的治理要求。中国在对网络空间内容进行治理时，也站在相似的立场上，治理的内容可以分为三类：非法的、有害的和倡导的。

一是非法的内容。中国对网络空间非法的内容的界定比较清晰，直接明确为法律法规中明令禁止的内容，如 1997 年公安部《计算机信息网络国际联网安全保护管理办法》规定任何单位和个人不得利用国际联网制作、复制、查阅和传播九类信息。

对非法内容的进一步分类，不同研究者标准不一。以《全国人民代表大会常务委员会关于维护互联网安全的决定》中的规定为参照，可将非法内容分为五类①：危害国家安全的内容、危害社会稳定的内容、影响社会主义市场经济秩序的内容、影响社会管理秩序的内容、侵害他人合法权利的内容。综合其他行政法规和部门规章中的相关规

---

① 《全国人民代表大会常务委员会关于维护互联网安全的决定》是我国现今涉及互联网内容监管的唯一一部法律，该法对禁止行为的出发点作了分类：一是为了保障互联网的运行安全；二是为了维护国家安全和社会稳定；三是为了维护社会主义市场经济秩序和社会管理秩序；四是为了保护个人、法人和其他组织的人身、财产等合法权利。

定，这五类内容还可以进一步细化。

危害国家安全的内容主要包括：煽动抗拒、破坏宪法和法律、行政法规实施的；煽动颠覆国家政权，推翻社会主义制度的；煽动分裂国家、破坏国家统一的；泄露国家秘密的；损害国家荣誉和利益的；等等。

危害社会稳定的内容主要包括：捏造或者歪曲事实，散布谣言，扰乱社会秩序的；煽动非法集会、结社、游行、示威、聚众扰乱社会秩序的；煽动民族仇恨、民族歧视，破坏民族团结的；破坏国家宗教政策，宣扬邪教的；等等。

影响社会主义市场经济秩序的内容主要包括：销售伪劣产品或者对商品、服务作虚假宣传的，损害他人商业信誉和商品声誉的，侵犯他人知识产权的，影响证券、期货交易或者其他扰乱金融秩序的虚假信息的，等等。

影响社会管理秩序的内容主要包括：宣扬封建迷信、淫秽、色情、赌博、暴力、凶杀、恐怖，教唆犯罪的；以非法民间组织名义活动的；诱导未成年人违法犯罪的；传播含有危险物品、信息的；等等。

侵害他人合法权利的内容主要包括：公然侮辱他人或者捏造事实诽谤他人的；侵害他人姓名权、名称权、名誉权、荣誉权、肖像权、隐私权等人身权益的；损害国家机关信誉的；等等。

除了这五类内容，非法的内容还包括"有关法律、行政法规和国家规定禁止的其他内容"。此外，广电总局《互联网视听节目服务管理规定》、文化部《互联网文化管理暂行规定》等规定还禁止网络内容服务商（互联网视听节目服务单位、互联网文化单位、互联网新闻信息服务单位等）刊登"危害社会公德，损害民族优秀文化传统的"内容。

二是有害的内容。关于有害的内容，国家并没有进行专门划定，主要散见在宣传文化系统的规范性文件和相关领导的讲话中。比如2010年，号召网络"反三俗"，抵制庸俗、低俗、媚俗文化，包括抵制庸俗化中华文化和中国文明、娱乐化革命经典和中外经典名著、网络恶搞、炫富拜金等行为。又如《广电总局关于加强互联网视听节目内容管理的通知》要求互联网视听节目服务单位要及时进行剪辑、删除的节目中提到的多项内容：蓄意贬损、恶搞革命领袖、英雄人物、重要历史人物、中外名著及名著中重要人物形象的；以恶搞方式描绘重大自然灾害、意外事故、恐怖事件、战争等灾难场面的；宣扬消极、颓废的人生观、世界观和价值观，刻意渲染、夸大民族愚昧落后或社会阴暗面的；等等。

在很多时候，政府对有害的内容和非法的内容不作区分。比如，时任国务院新闻办主任王晨在一次讲话中谈道，"我国互联网上还存在一些不文明现象，如发布虚假信息、传播淫秽色情和低俗信息、散布垃圾邮件、传播不良视频等，严重败坏社会风气，损害网络环境和谐"。该讲话将非法的"淫秽色情信息"与有害的"低俗信息"并列，认为其都属于"不文明现象"。

三是倡导的内容。倡导的内容最初主要是对网络内容供应商提出的方向性、原则性要求，如《互联网文化管理暂行规定》要求互联网文化活动坚持为人民服务、为社会主义服务的方向，弘扬民族优秀文化，传播有益于提高公众文化素质、推动经济发展、促进社会进步的思想道德、科学技术和文化知识，丰富人民的精神生活。近年来，中国越来越重视网民自我治理的作用，开始对普通网民提出要求。2014年8月，国家网信办在《即时通信工具公众信息服务发展管理暂行规定》中对网民提出"七条底线"：法律法规底线、社会主义制度底线、国家利益底线、公民合法权益底线、社会公共秩序底线、道德风尚底线和信息真实性底线。

三、国家治理的立法层级机构

从立法层次上看，中国互联网领域的立法治理包括三个层次：全国人大及其常委会制定的法律、国务院制定的行政法规和国务院各部委制定的部门规章。在本书的讨论中，还将纳入其他互联网治理的文件，包括司法解释、规范性文件和政策性文件。

中国对网络内容治理的立法涉及十余个部门，先后设立数十项法规，但国家层面的法律只有一项，主要还是以部门规章和规范性文件为主，立法层次低，多头立法，政出多门，系统性、体系性不强。原因其实不难理解：一是治理部门对互联网的认识尚不充分，只能通过权宜性的立法来解决具体工作中某一突出的问题，头痛医头，脚痛医脚，立法主体自然只能是职能管理部门，简单地说，就是立法管理的事项尚比较琐碎，不适合更高层级的立法，部门规章规定得比较具体，针对性和可操作性强，更适合当前情况；二是互联网本身就是社会性的应用技术和工具，出台一项关于整个互联网的立法并不现实。

就内容治理而言，当前中国立法治理最大的问题是由因数字化革命带来的媒体融合而产生的。互联网和数字化打破了传统媒体之间的界限，而我国的互联网媒体出版管理仍各自为政，文化部、原国家新闻出版广电总局①纷纷把自己传统的业务管理范围延伸到网上，不免出现法规冲突和重复立法的情况。

本书附录收录了目前中国有关互联网治理的主要法律法规条目名称。

第 3 节　国家治理行动者与社会治理行动者之间的关系

这里所言的国家治理行动者与社会治理行动者之间的关系是以国家治理行动者为中心的关系，主要指国家治理行动者主导的或试图建立的关系模式，与后面我们要考察的以社会治理行动者为中心的关系

---

① 2013 年，国务院进行大部制改革，原国家广电总局与新闻出版总署合并为国家新闻出版广电总局，但就实际情况看，合并并不彻底，两部门网站仍分开设立，新总局出台的互联网管理规定仍将网络出版和网络电视分开。

有区别，主要分三类：一是国家治理行动者内部的关系；二是国家治理行动者和市场治理行动者之间的关系；三是国家治理行动者和社会治理行动者之间的关系。这三类关系虽然区分明显，但之间仍有深层的联系并相互影响，比如国家治理行动者内部合作关系的紧密程度可能影响国家对市场治理行动者和社会治理行动者的控制关系。

一、以合作为主要特征的国家治理部门内部的关系

在国家级治理部门层面，虽然存在发展和监管的矛盾①，但对于内容治理这一具体领域，国家级治理部门是作为一个整体出现的，很难观察到其存在内部协同问题。因此，本书主要探讨负责互联网治理的国家部委间的关系以及中央和地方治理部门的关系。

（1）国家部级治理部门间的关系。

以往研究者对国家部级治理部门间的关系关注较多的是多头管理和协调不力的问题，认为中国对网络空间治理的分工看似清晰，但分工多是在传统的职责权限基础上向互联网的延伸，面对互联网这一新媒体产生的新的内容和新的传播方式，在实际运作中不同部门不免会出现权力交叉和监管漏洞。就网络空间内容治理的实际运作来看，这些问题确有体现。比如就视频网站监管来说，开办视频网站，须获得由工信部批准的 ICP 证、由原广电总局颁发的信息网络传播视听许可证和节目制作经营许可证、由文化部审批的网络文化经营许可证，播出新闻节目的视频网站还须到网站所在地的新闻办申请互联网新闻信息服务许可证。视频网站做的业务内容，很多部门都能管得到，而这些监管部门所管辖的部分都得要许可证。

就国家治理部门间的协调问题，国家信息化专家咨询委员会委员汪玉凯曾对信息化推进过程中的协调机制作过说明：

---

① 郑永年认为，在信息技术发展的新领域，中国政府不可避免地面临着双重任务。一方面，不得不实施有效的政策来推动信息技术的快速发展；另一方面，又不得不控制、监管和最小化由新技术带来的政治风险。这两种任务并非总是协同的，更多的情况下，它们是冲突的。

目前，我国信息化工作中跨部门、跨地区以及中央和地方间的协调，主要依靠国家信息化领导小组开会以及相关单位间采取"就事论事"的办法进行。这种协调方式会造成两大问题：一是国家信息化领导小组集中开会次数有限（除信息安全小组外），只能就重大问题进行商议决策；二是重大事项部门间缺乏政策配合流程，特别是在投资审批方面缺乏规范的管理机制，依靠各相关职能部门主办机构和公务人员一事一议的协调模式，协调成本高，随意性强，不能从根本上解决信息化建设的协同推进问题。

不过总体而言，虽然国家部委治理机构间存在多头管理和协调不力的问题，但部门间的分工合作仍是最突出的特点。党的十八届三中全会要求加快完善互联网管理领导体制，整合相关机构职能，形成互联网管理合力。具体落实这一部署的举措就是成立了中央网络安全和信息化领导小组，并将具体管理协调的职能指派到中央（国家）网信办。这个安排，首先在中央层面提高了统筹协调能力。以往的国家信息化领导小组的协调多是在国务院各部门间，中共中央总书记、国家主席习近平出任中央网络安全和信息化领导小组组长，李克强、刘云山任副组长，改变了原来的国务院总理担任组长的惯例，使得小组在协调党中央、军委、人大等部门时更加顺畅，大大提高了该小组的整体规划能力和高层协调能力。其次，其统筹协调部门中央（国家）网信办是一个部门、两块牌子，既是属于党中央的机构，又是属于国务院的机构，这也有利于增强其全局统筹能力。

2014年8月，国务院授权国家网信办负责全国互联网信息内容管理工作，并负责监督管理执法，实际上是赋予国家网信办统筹互联网内容管理的权限，意在改变我国互联网内容管理中长期存在的多头管理、职能交叉等弊端。按照国务院授权分工和各部委的"三定"方案①，在宣传文化系统中，国家新闻出版署负责对互联网出版和开办

---

① 所谓的"三定"方案，即定机构、定编制、定职能。主要涉及政府机构的设立必须确定是干什么事情的、有哪些内设机构、内设机构的职责是什么、部门有多少人员编制和领导职数等。

手机书刊、手机文学业务等数字出版内容和活动进行监管；国家广播电视总局负责对网络视听节目、公共视听载体播放的广播影视节目进行监管；文化部负责文艺类产品网上传播的前置审批工作，在使用环节对进口互联网文艺类产品内容进行审查。其他相关管理机构中，工信部主要负责互联网行业管理，包括对中国境内互联网域名、IP 地址等互联网基础资源的管理；公安部负责互联网安全监督管理，依法查处打击各类网络违法犯罪活动。就分工而言，还是比较清晰的。

当然，目前的治理部门分工基本是延续传统媒体时代的分工模式，而互联网早已打破了传统媒体的形式区分，多头管理或治理重合问题并未得到彻底解决。从国外经验看，网络游戏内容也应属于互联网信息内容，但网络游戏服务监管的责任却归文化部。此外，公安部负责打击网络违法犯罪，本不直接负责内容治理，但公安部将打击制造传播网络谣言、网上暴恐、涉枪涉爆和涉黄赌毒等违法信息作为重要职责，由于公安系统人员数量多、力量强，在实际内容治理中常发挥重要作用。

对于这一难题，中国政府并未一味强调分工的清晰化，而是通过部门间的合作来解决。部门间合作一方面体现在法制拟定中，相当一部分关于网络内容治理的部门规章和规范性文件是由两个或两个以上的部门制定的，如 2015 年发布的《互联网危险物品信息发布管理规定》，参与制定部门多达 6 个；另一方面，在执法中，部门间合作频率更高，合作方式也更多样，其中，专项行动是最经常采用、也是最典型的合作方式。

专项行动是中国政府部门为解决某一突出问题而采取的临时治理手段，即采取一种广泛动员、充分调用各种资源、在集中时段内加大执法力度、以追求较高行政效率为目的的行政执法方式，因其高效而常常使用。

专项整治行动也是中国互联网内容主管部门对网络内容治理的常用手段，早在 2009 年，国新办就联合工信部、公安部、文化部、工商总局、广电总局、新闻出版总署等部门开展整治互联网低俗之风专项行动，2010 年又接着开展整治互联网和手机媒体淫秽色情及低俗信息专项行动。2014 年中央网信办成立后，专项行动开展得更为频繁。2014 年，国家网信办先后开展了"扫黄打非·净网 2014"专项行动、打击整治"伪基站"专项行动、"剑网 2014"专项行动和清理整治网络视频有害信息的专项行动，合作开展专项行动的部门包括中央宣传部、国家网信办、最高法、最高检、公安部、工信部、安全部、工商总局、质检总局、全国"扫黄打非"工作小组办公室、国家版权局等；2015 年，开展了"婚恋网站严重违规失信"专项整治行动、"网络敲诈和有偿删帖"专项整治行动、"整治网络弹窗"专项行动，以及"净网 2015""固边 2015""清源 2015""秋风 2015""护苗 2015"五个"扫黄打非"专项行动，同样涉及十余个国家部委机关。

中国开展的网络内容治理专项行动特点非常鲜明：第一，协同程度高。首先是国家各主管部门间协同。横向层面，通常由国家网信办牵头，其他相关部委参与，涉及工信部、公安部等多家部委，分工负责，共同开展；纵向层面，各地方网信办以同样方式开展属地专项治理。其次是网站企业的协同。网站被要求"承担主体责任"，实现从"外在管网向内在治网转变"，网站根据主管部门要求进行自查自纠，清查并删除违规信息，主动进行技术过滤。2015 年，阿里巴巴、百度等多家企业在政府号召下，还发出《关于"清朗网络环境，文明网络行为"的联合倡议》。最后是公众的协同。政府主管部门很注意吸纳公众参与，专项行动开展前期主要进行舆论宣传并号召公众举报，其后则要求网站对照网民举报和公众内容评议情况，采取相应内容管理手段。第二，持续性强。专项行动经常被称作"运动式执法"，因其往往是对执法工作中所涌现的重大问题或者对平时执法过程中工作力度不够而处于治理不佳状态的事项进行的短期内的大力度、突击式的治理和整顿行为，临时性特点很强。但中国对互联网内容的专项整治行动持续性却很强，有制度化的趋势。比如，对网上淫秽色情信息的整治行动，已连续开展多年，每年的行动时间也在拉长，2015 年 3 月开始的"净网 2015"专项行动一直持续到了年底。第三，高效。专项行动是一种刚性治理行动，短时间内国家治理力量集中"开火"，效率很高。2015 年的"净网 2015"专项行动，几个月时间查办有关案件 1 215 起，关闭淫秽色情网站 20 650 个，删除各类有害信息 100.44 万条。

此外，合作也体现在治理技术手段实施过程中。比如，作为治理网络空间内容的技术手段，封堵国外有害信息是中国互联网治理的典型方式。中国为封堵违禁内容主要采取三种过滤封堵办法：一是 IP 地址阻止技术，通过在互联网的国际主出口上设定对某些 IP 地址的限制，使得国内网民无法直接链接某些国外网站；二是 DNS 域名过滤，在域名解析时对特定网站进行限制；三是 IDS 入侵检测系统，可以实现通过不断更新的关键词列表对所有网站的敏感内容进行过滤。通过这些手段，大多数含有敏感内容的国外网站都无法在中国打开。

虽然封堵是网络空间内容治理的主要手段，但由于宣传系统技术能力和资源的限制，其并不是具体工作的实施主体，而是通过与工信部、公安部、国家安全局等技术能力较强的职能部门合作实行的。对于封堵的具体合作方式，国家层面公开的文件没有提及，根据 2007 年衢州市委办公室公布《关于进一步加强互联网管理工作的实施意见》，公安部门主要负责开展互联网信息的监控，对网上反动、淫秽、赌博等有害信息进行监控，对涉及境外有害信息网站提出封堵意见；安全部门负责对境外有害信息网站进行监控、提出封堵意见并通知互联网行业主管部门实施；工信部门负责协调有关单位对网上有害信息、公共有害短信息、泄密信息进行封堵；而宣传文化系统则主要负责互联网意识形态的专项内容的监控。

（2）中央和地方治理部门的关系。

网络空间内容治理中中央和地方的关系包括党中央、中央政府和地方党委、政府的关系，国家网信办、公安部等中央部委同地方网信办、公安部门等地方部门的关系。其中，作为网络内容的主管部门，国家网信办同地方网信办的关系最具代表性，这里主要考察这一关系。

中央和地方网信部门同属一个职能体系——网信系统，按照国家相关法规，地方网信办在受地方政府领导（属地化管理）的同时，还受国家网信办业务上的指导①。因此，就法定关系而言，两者是业务指导和被指导的关系。在实际工作中，两者关系更多体现为协作关系，即国家网信办统一提出工作要求，地方网信办负责在属地进行落实，结合本地区、本单位实际，抓住重要节点，研究制定各自的实施方案，简言之，就是"谁主管，谁负责"。属地管理、分级负责的制度安排有助于落实地方政府的主体责任，增强互联网的治理效率。

从地方网信办对国家网信办开展行动的支持来看，这种协作关系是相当顺畅并有效的。在历次国家网信办开展的专项治理行动中，地方网信办都积极配合，在属地开展工作。除了业务指导，国家网信办还直接同地方网信办合作开展工作，如2016年2月，国家网信办就会同北京市网信办联合约谈新浪微博负责人。这种联合的约谈比单纯的业务指导更加深入了一层，在一定程度上加大了国家网信办执行治理的力度。

当然，协作并非是中央和地方网信系统关系的全部。一些研究者指出，属地化管理实际运转问题很多，如限制了信息流通，并凸显了地方和部门的不同标准，甚至割裂统一的互联网，中央各部门自上而下的"条"与地方的"块"之间缺乏有效的结合机制。

二、以命令控制为主要特征的国家治理行动者与市场治理行动者 之间的关系

命令与控制是传统治理的典型特征，长期以来，命令与控制模式是国家治理企业的主要手段。控制性治理的主要理论依据是威慑理论，威慑理论认为，服从取决于违法行为受处罚的可能性及处罚的严重程度，制裁或处罚会让被治理者有强烈地避免触犯规则的动机。命令与控制的治理总是以政府强制干预的形式出现，国家通过直接的立法或间接的代理权限，命令企业满足某一具体的标准，进而通过制裁

---

① 《中华人民共和国地方各级人民代表大会和地方各级人民政府组织法》第66条规定：省、自治区、直辖市的人民政府的各工作部门受人民政府统一领导，并且依照法律或者行政法规的规定受国务院主管部门的业务指导或者领导。自治州、县、自治县、市、市辖区的人民政府的各工作部门受人民政府统一领导，并且依照法律或行政法规的规定受上级人民政府主管部门的业务指导或者领导。

手段控制企业的行为，从法律上说，企业没有或极少有空间去规避国家要求的治理责任。

中国对互联网企业进行治理时，命令控制是一种主要方式，通过法律或约谈等其他措施要求互联网企业承担治理责任，企业如果拒不承担或未能承担责任，则将面临从警告、罚金到关闭等不同程度的处罚，有时企业负责人还要被追究法律责任。

（1）命令控制在法规中的体现。

国家与互联网企业的命令控制关系首先体现在法律法规中。由于面对海量的网络内容，国家治理部门无力实行传统的审查方式，因而在法规中倾向于直接要求网络服务商承担审查责任。比如 2010 年 2 月，在打击手机网站传播淫秽信息的行为时，最高人民法院和最高人民检察院就发布司法解释，明确了电信业务经营者、互联网信息服务提供者、广告主、广告联盟、第三方支付平台以及网站建立者、直接负责的管理者等的刑事责任，要求"谁经营谁负责、谁接入谁负责、谁收费谁负责"；国家广电总局要求网络视听节目服务商建立健全节目审查、安全播出管理制度，配备节目审查员，对其播放的节目内容进行审查；文化部要求互联网文化单位应当建立自审制度，明确专门部门，配备专业人员负责互联网文化产品内容和活动的自查与管理，以保障互联网文化产品内容和活动的合法性；等等。

在直接限定禁止或倡导某些网络内容之外，中国还有一些法规是对网络内容供应商和网络服务供应商进行限制，从而间接对网络空间内容进行治理。资质限制是经常使用的间接治理手段。宣传文化系统部门一般都对主管的网络经营性单位提出一定的资质要求，这些要求涉及资金数量及来源、人员资质、审查和监控制度、技术等多个方面，力图通过源头的把关保证网络内容符合治理要求，比如国务院新闻办要求任何组织不得设立中外合资经营、中外合作经营和外资经营的互联网新闻信息服务单位。对网络服务供应商的治理除资质要求以外，更注重对技术审查的要求。比如，公安部《互联网安全技术措施规定》要求，提供互联网信息服务的单位应具备多种安全保护技术措施，包括在公共信息服务中发现、停止传输违法信息，并保留相关记录；又如，对互联网上网服务营业场所（俗称网吧）要求有健全、完善的信息网络安全管理制度和安全技术措施。软件过滤技术是各国在网络管理中通行的技术，主要是针对网络淫秽色情信息，对特定需要保护的人群安装，以避免他们受到不良网上内容的侵害。2002 年 10 月，文化部《互联网上网服务营业场所管理条例》要求，网吧必须"有健全、完善的……安全技术措施"，即要求安装网吧监控软件，软件要"具有实名登记的功能"及"必须能记录顾客上网日志"。2009 年 6 月，工信部发布《关于计算机预装绿色上网过滤软件的通知》，要求在我国境内生产销售的计算机出厂时应预装过滤软件（"绿坝-花季护航"）；进口计算机在国内销售前应预装绿坝软件最新适用版本，以巩固整治互联网低俗之风专项行动成果，保护未成年人健康成长。

将治理责任施加于互联网企业，有利于减少国家治理部门的治理成本，同时因互联网企业技术治理能力较强，有助于提高治理的效率。但换一个角度看，这种做法实际上是把公共权力部门应承担的责任转嫁给市场组织，一方面大大提高了网络服务商的运营成本，另一方面，其合法性也值得商榷。认定某一具体互联网内容是否合法，本是属于司法部门的事情，现在则由"审查员""专业人员"进行审查，很难保证认定结果的准确性。此外，一些法规对互联网企业施加了过于严苛的责任，没有考虑互联网的媒体特性，简单地将对现实社会治理的法律法规移植到网络法律法规中，结果条款成了虚设，水土不服，根本无法实行。比如，《计算机信息网络国际联网安全保护管理办法》规定，任何单位和个人不得利用国际互联网制作、复制、查阅和传播包括谣言、淫秽色情等九个方面的信息。其中把"复制"和"查阅"都看作违法行为。殊不知，在互联网上，除了有用户主动拉取的信息，还有的是用户不想要但被推送的信息，一些违法网页可能将信息以主动弹窗的方式推送到用户电脑上，同时，浏览任何网页本身就是"复制"结果。如果以此来判定违法，则每个上网用户随时可能会陷于违法境地。值得注意的是，这项法规原是 1997 年制定的，当时对互联网技术特征不了解尚可理解，但 2011 年修订时，该条款仍未作修改。另外，一些法规条款过于宽泛，比如文化部等部门要求禁止刊登危害社会公德、损害民族优秀文化传统的内容，何谓"损害民族优秀文化传统的内容"，主管部门并没有具体界定，尺度只能由互联网内容服务商自己把握，很容易造成"寒蝉效应"。

（2）约谈等其他命令控制方式。

除制定法律法规之外，政府有时也采用一些较软性的命令控制方式，比如国家网信办及地方网信办经常通过约谈等方式直接向互联网企业发出治理指令。2015 年 4 月，国家网信办发布《互联网新闻信息服务单位约谈工作规定》（简称"约谈十条"），建立了互联网信息内容监管领域的约谈制度。所谓约谈，指的是国家网信办、地方网信办在互联网新闻信息服务单位发生严重违法违规情形时，约见其相关负责人，进行警示谈话、指出问题、责令整改的行政行为。在"约谈十条"中，没有设定行政处罚、行政许可和行政强制，因而被看作是对互联网内容的一种软性的治理方式。其实，约谈最大的特点是软中有硬。其一，约谈具有强制性，约谈由行政主体主动启动，行政相对人无法自愿选择是否接受。其二，虽然"约谈十条"本身没有规定处罚措施，但它也规定了一些限制性条款，以进一步的违法处罚作为约谈的后果：如果企业未按（约谈）要求整改，或经综合评估未达到整改要求，将依照其他法规的有关规定给予警告、罚款、责令停业整顿、吊销许可证等处罚；如果被多次约谈仍然存在违法行为的，依法从重处罚。这使得约谈本身对企业就施加了非常大的压力。其三，约谈经常伴随着处罚。约谈并不意味着不处罚或暂不处罚，如果确实存在违规情况，约谈也会伴随处罚[①]。

（3）协作关系。

当然，除了硬性的命令与控制关系，国家治理部门同企业也有协

---

① 2015 年 8 月，河南省委网信办对《郑州晚报》微信公众号发布谣言信息进行约谈时，就同时作出了处罚决定，不仅"依法关闭"了《郑州晚报》的微信公众号，还对《郑州晚报》新媒体及相关责任人员作出了处罚。参见：河南省委网信办依法约谈并处罚郑州晚报新媒体账号.（2015 - 08 - 14）. http://news. xinhuanet. com/politics/2015 - 08/14/c_128130422. htm.

作关系，比如通过号召、鼓励的方式引导互联网企业主动加强网站内容的自我管理，制定内容标准，开发过滤技术，等等。对于网络上非法和有害信息的举报，官方的互联网违法和不良信息举报中心接到并确认举报信息后，可要求相关网站协作进行违法信息的处理。官方还号召网站建立举报机制，据报道，新华网、人民网、新浪网、搜狐网、腾讯网、百度等全国 100 多家网站签署了《积极开展举报工作承诺书》，统一向社会公布 24 小时举报电话。实际上，网站接受举报的数量远大于官方。2014 年，仅互联网违法和不良信息举报中心就受理和处置公众举报 109.4 万件，而全国百家网站共有效处置网民举报近 3.3 亿件，其中腾讯网近 2 亿件，百度近 1 000 万件，新浪网近 50 万件。

三、以吸纳为主要特点的国家治理行动者与社会治理行动者的关系

吸纳意为"吸收、接纳"。这里我们将网络空间内容治理中的"吸纳"定义为国家治理行动者将网络企业组织或网民组织纳入国家治理体系。从国家的角度来看，它有足够的理由去监督、渗透和拉拢并非由自己创立也不由它控制的社会组织。通过吸纳，社会组织成为国家治理机构的代理人，为国家治理提供了另一种手段，延伸了国家治理的控制范围。这里的吸纳主要指"发展、收编"社会组织，暂不考察被"放任"的社会组织，因此，吸纳关系中的社会组织主要指互联网企业协会组织以及与政府关系密切的网民志愿者组织。

（1）国家治理行动者对互联网协会组织的吸纳。

中国互联网业的行业性组织主要是各级互联网协会及其下属的二级协会，也包括业界自发成立的企业联盟。中国官方将互联网业的行业性组织称为网络社会组织，据国信办 2015 年统计，中国共有 546 家网络社会组织①。当然，这 546 家网络社会组织中，并非都和内容治理相关，相当一部分网络社会组织属于互联网金融、电子商务、移

---

① 其中，全国性网络社会组织 44 家、省级 154 家、地市级 259 家、区县级 89 家；在各类网络社会组织中，基金会 2 家、民办非企业单位 54 家；各种协会、学会、促进会等社会团体共 490 家，是全国网络社会组织的主要形式，占总量的近 90%。

动互联网等专门性组织，涉及内容治理的文化类网络社会组织只占其中的一部分，其中各级互联网协会是对网络空间内容进行治理的最主要行业性组织。

有研究者指出，我国协会性行业组织的生发方式包括体制内生和体制外生两种方式，体制内生的行业协会一般是作为政府机构的延伸而存在，对政府的附属性很强，甚至被企业称为"二政府"。就生发方式而言，中国各级互联网协会基本属于体制内生的协会。以中国互联网协会为例，虽然其定位是中国互联网行业及与互联网相关的企事业单位自愿结成的行业性的全国性的非营利性的社会组织，但其主管部门是工信部，其工作定位除服务于会员和行业之外，还要服务于政府的决策，要做"政府的助手"；同时还担负着网站备案等政府委托的工作。因此，我们将国家治理机构同互联网协会组织的关系看作典型的吸纳关系。下面，我们以中国互联网协会为典型案例对此关系进行说明。

中国国家治理部门对互联网协会组织在治理中的作用非常重视，认为网络社会组织是党和政府推进网络安全和信息化工作的重要抓手，在当前争夺网络空间舆论主导权、促进网络空间治理从外在管网向内在治网转变、推动"互联网＋"深入实施、促进互联网时代社会管理创新等重大战略问题上担负着重要职责。不过，具体到网络空间内容治理方面，中国尚极少有体制外生的网络社会组织出现，所以当前的"吸纳"主要体现为对体制内生的各级互联网协会的吸纳。

中国互联网协会成立于 2001 年 5 月，主管单位是工业和信息化部。其网站简介称，中国互联网协会是中国互联网行业及与互联网相关的企事业单位"自愿结成的行业性的全国性的非营利性的社会组织"，其宗旨是为会员需要服务，为行业发展服务，为政府决策服务，其下设行业自律工作委员会等 20 余个工作委员会，迄今已发起并起草了 20 余项公约、自律规范和倡议书。其中主要涉及内容治理的委员会包括行业自律工作委员会、网络与信息安全工作委员会、移动互联网工作委员会、反垃圾信息工作委员会、互联网法治工作委员会等5 个（见图 1-3）。中国互联网协会成立以来，通过自律公约约束会员单位以及协助国家治理参与了对互联网内容的治理。

图 1-3 中国互联网协会组织机构

资料来源：中国互联网协会网站。

按照中国互联网协会自己的定位，其属于行业性的非营利社会组织，是由互联网从业者共同发起成立的。以此看来，中国互联网协会似应属于业界进行自我治理的组织。但一些研究者指出，由于管理体制的特殊性，就中国的行业协会与政府的关系而言，更多的是合作而非竞争，这使得目前中国的行业组织不存在纯粹的自律，行业协会的治理从行业自律与政府治理的关系角度来看，属于公共治理与私人自律规范相互配合，并受制于政府监督；从政府与行业组织在自律体系中的作用来看，属于强制性自律中的合作式自律——政府与行业组织就强制性规范的制定和执行开展合作和部分委托式自律（政府将部分监管职权委托给行业自律组织代为执行）。这方面，中国互联网协会并不例外，在网络空间内容治理上，它一方面受政府的监管，另一方面又通过政府的授权来开展工作。

就其受政府的监管而言，在协会章程中，明确提出其接受社团登记管理机关中华人民共和国民政部和业务主管单位工业和信息化部的业务指导和监督管理。但在对中国互联网协会开展的治理工作管理中，民政部并没有具体权限，协会章程中没有出现的另一个治理部门——国家网信办实际上是和工信部同等的管理部门。中国互联网协会跟别的协会不一样，它是"双上级"——工信部和国家网信办，协会中相当一部分人员尤其是管理人员仍属于"公家人"，即正式在编人员，挂靠在工信部下。协会的领导组成人员中也包括现任政府官员。协会虽然没有政府的直接拨款，但相当一部分经费来自政府，这主要包括两个方面：一是在编人员的工资开支，这部分是直接来源于政府的；二是协会通过承接政府治理服务获得的资金。

就其接受政府的授权而言，主要是接受政府委托进行垃圾信息和不良信息的举报受理和处理，同时还包括在政府开展网络内容整治行动中进行配合和协作。

在国家治理部门开展的各项网络内容整治行动中，中国互联网协会经常参与其中。比如，在原信息产业部开展的治理垃圾邮件工作中，在原信息产业部的具体指导下，中国互联网协会成立了互联网垃坂邮件举报受理中心，受理垃圾邮件举报，并对相关邮件服务商发出垃圾邮件协调处理函，对业界颁布《中国互联网协会互联网公共电子邮件服务规范》《反垃圾邮件规范》等规范标准。又如，在国务院新闻办牵头开展的整治互联网低俗之风专项行动中，中国互联网协会配合整治互联网低俗之风专项行动作了系列工作，包括部署会员单位开展自查自纠、加强对网上低俗内容的举报受理、协助国家有关部门起草相关自律规范等。下一步，协会还将组织业界研讨制定网络低俗内容的判定标准，配合有关部门起草部门规章，发布网站管理有关规范，在协会已经发布的相关自律公约中增加要求会员单位自觉抵制网络低俗信息的内容，等等。

总的来说，在内容治理方面，中国互联网协会主要通过制定行业规范、制定行业标准、接受政府委托、配合政府治理行动等方式进行互联网治理。

一是制定行业规范。这是协会进行治理的基本手段，经常被看作是行业自律发挥作用的最普遍的方式。如前所言，由于中国互联网协会和国家治理部门的特殊联系，本书将中国互联网协会制定行业规范看作合作治理。中国互联网协会制定行业规范的具体形式包括制定协会章程、制定自律公约、制定服务规范等三种。

《中国互联网协会章程》于2013年7月通过，章程中提出的协会业务范围包括维护国家网络与信息安全，根据授权受理网上不良信息及不良行为的投诉和举报，协助相关部门开展不良信息处置工作，净化网络环境，同时也明确了"制订互联网行业标准与规范"是经政府主管部门批准、授权或委托。

制定自律公约方面，协会自成立以来，制定的各种公约达20余项，涉及内容治理的公约包括《互联网新闻信息服务自律公约》《文明上网自律公约》《博客服务自律公约》《中国互联网协会反垃圾短信息自律公约》《中国互联网协会关于抵制非法网络公关行为的自律公约》《互联网搜索引擎服务自律公约》等。自律公约是一种道德规范，从具体内容和发布时段来看，这些自律公约主要是针对某一时期表现突出的内容问题，以约束限制会员单位网站发布不良内容为目的。

就内容涵盖来看，协会发起的规范和公约比较相似，它们都是倡议性的文件。不同之处在于，公约的拟定方一般为会员网站，而规范则是由协会发起制订。涉及内容治理的服务规范包括《互联网站禁止传播淫秽、色情等不良信息自律规范》《中国互联网协会反垃圾邮件规范》《搜索引擎服务商抵制违法和不良信息自律规范》《中国互联网协会短信息服务规范》等。

二是制定行业标准。在制定行业标准方面，中国互联网协会明确发布的只有一项标准：《互联网服务统计指标 第 1 部分：流量基本指标》，系 2011 年 6 月发布，意在规范国内互联网行业对站点流量的统计和测量。在内容治理方面，2007 年 8 月，为向青少年尤其是未成年人推荐一批优秀的网络文化产品，中国互联网协会发布绿色网络文化产品评价标准（试行）。2009 年 2 月，中国互联网协会负责人在"整治互联网低俗之风技术经验交流会"上表示，将组织业界研讨制订网络低俗内容的判定标准。

三是接受政府委托。中国互联网协会接受政府委托进行内容治理主要体现为建立网络不良与垃圾信息举报受理中心，进行网络不良与垃圾信息举报受理、调查分析以及查处工作。

四是配合政府治理行动。这方面主要体现为在政府开展相关治理行动时，以发出倡议书，召开会员单位成员、专家和网民的座谈会等形式配合发声，向国家治理部门提出政策建议等。比如，2012 年 7 月，国家版权局、公安部、工信部、国信办四部门联合开展"剑网行动"，中国互联网协会随之组织开展 2012 年度打击网络侵权盗版专项自查自律工作，对会员单位发出通知，要求其进行自查。

可以看出，国家治理机构与体制内生协会的合作颇为紧密，协会不仅从组织业界自律的角度配合国家治理，而且还参与国家治理部门规章的起草，发布管理规范。在网络不良与垃圾信息举报受理中心的职责中，中国互联网协会还具有"查处工作"的职能，被赋予了执法权限。

（2）国家治理行动者对网民志愿组织的吸纳。

互联网为共同志趣的公众形成社群组织提供了便捷的渠道，网民在网络上自发成立了各种性质的组织，其中大多组织和内容治理无关。一些组织志愿参与对网络诈骗、淫秽色情等不良和非法信息的治理，对于这类组织，国家治理机构一般不加以限制，有时，还通过"收编"这一吸纳策略促进其发展。国家对网民志愿组织的吸纳目的性很强，即借助公众力量达成治理目标。以北京的网民志愿组织"妈妈评审团"①为例，其由社会人士发起成立，因成员多是孩子妈妈，它在网上淫秽色情信息的治理中可发挥独特的作用。"妈妈评审团"成立不到一年，就被全国"扫黄打非"工作小组评选为"打击互联网和手机媒体传播淫秽色情信息专项行动有功集体"，其后，又被首都文明办评为"2011年度首都未成年人思想道德建设创新案例"之一、首都未成年人思想道德建设工作"十大"品牌活动。被吸纳后的"妈妈评审团"虽然仍被称为"社会公益组织"，但有时其治理行为却显露出鲜明的官方色彩。比如，首都互联网协会网站上有一篇《妈妈评审团推动网站整改"低俗标题党"现象》的材料，是关于"妈妈评审团"治理"标题党"行动的报道。在这份材料中，"妈妈评审团"是作为官方治理代表出现的，"2013年，妈妈评审团将网站低俗标题党现象的专项治理列为工作重点"，"召开评审情况通报会，向属地26家主要商业网站下达了《评审意见书》"，"并对新浪网、搜狐网、网易网、凤凰网、优酷网、中华网六家网站下达了整改意见，责成限期整改并提交书面报告"，"妈妈评审团召开网站低俗信息整改检查会……六家网站相关负责人分别就各自内部自查清理不良信息等情况进行了汇报，对网站首屏、娱乐、视频、社区论坛等板块出现的低俗不当信息进行了深刻自

---

① "妈妈评审团"由北京市青少年法律与心理咨询服务中心主任宗春山发起成立，是社会性的网络志愿组织，成员主要通过招募方式由未成年人的家长组成，主要目的是依据"儿童利益最大原则"和妈妈对孩子的关爱标准，由"妈妈们"对互联网上影响未成年人身心健康的内容进行举报、评审，形成处置建议反映给相关管理部门，并监督评审结果的执行。

省"，"根据各网站整改情况，妈妈评审团认为……各网站应针对这一情况打通内部管理渠道，继续强化内部工作机制，提高工作标准"。

必须指出的是，吸纳关系并不是国家治理行动者与社会治理行动者关系的全部，国家治理行动者也经常通过其他方式与社会治理行动者进行合作，典型的如委托方式等。委托方式在中国各行政领域广泛应用，在互联网治理中，最经常的委托形式是国家治理部门将治理职权和治理事项委托给体制内生的行业协会。委托内容主要包括：1）标准制定。比如，2006 年 2 月，信息产业部提出的"阳光绿色网络工程"①，其中涉及互联网内容过滤软件的技术标准建设。该标准建设工作被委托给中国通信标准化协会，该协会随之成立"绿色上网标准特设项目组"，与中国互联网协会、中国软件测评中心等单位一起开展"阳光绿色网络工程"提出的绿色上网的相关标准化工作②。2009 年，工信部推行的计算机预装绿色上网过滤软件"绿坝-花季护航"就是基于相关标准验收采购的。2）举报受理。比如，工业和信息化部委托中国互联网协会设立网络不良与垃圾信息举报受理中心，负责协助工业和信息化部承担关于互联网、移动电话网、固定电话网等各种形式信息通信网络及电信业务中不良与垃圾信息内容（包括电信企业向用户发送的虚假宣传信息）的举报受理、调查分析以及查处工作。

----

① 2006 年 2 月，信息产业部发起"阳光绿色网络工程"。据媒体报道，"阳光绿色网络工程"包括 18 项活动，持续一年时间。系列活动分为四个部分，包括：（1）清除垃圾电子信息，畅享清洁网络空间。主要开展集中治理垃圾邮件活动、网上垃圾国际清扫日活动、推广"绿色邮箱"活动。（2）治理违法不良信息，倡导绿色手机文化。开展手机短信治理、移动信息服务治理、倡导"绿色手机文化"、统一通信网络短消息服务提供商（SP）代码、电话业务用户实名制管理。（3）在世界电信日期间，围绕"让全球网络更安全"主题开展宣传活动，进一步增强电信行业的网络安全意识。（4）打击非法网上服务，引导绿色上网行为。进一步加强对互联网接入服务等互联网服务市场管理，通过多种形式和途径引导绿色上网，保障广大青少年身心健康。
② 根据相关报道，该标准包括：基于 PC 终端的互联网内容过滤软件技术要求、基于 PC 终端的互联网内容过滤软件测试方法、宽带网络接入服务器内容过滤技术要求、宽带网络接入服务器内容过滤测试方法、网关型互联网内容过滤产品技术要求、网关型互联网内容过滤产品测试方法、基于移动终端的互联网内容过滤软件技术要求、基于移动终端的互联网内容过滤软件测试方法、WAP 网关内容过滤技术要求、WAP 网关内容过滤测试方法。

（3）国家治理行动者对个体网民的吸纳与控制。

对于社会治理行动者中非组织化的网民，一方面，政府将其作为国家治理的辅助力量，期望加强公众对互联网服务的监督，通过公众举报受理机构受理网民举报等方式吸纳网民协助国家治理。2005 年 7 月，中国建立了互联网违法和不良信息举报中心。2014 年 5 月起，举报中心正式归国家网信办管理，举报受理范围从原来仅针对网络淫秽色情信息扩大至所有违反"九不准"或"七条底线"的互联网违法和不良信息。2014 年，举报中心共受理和处置公众举报 109.4 万件。其中淫秽色情有害信息最多，达 82.3 万件。国家网信办还面向社会招募"义务监督员"：只要年满 18 周岁，常与互联网亲密接触，具备一定网络知识技能，熟悉相关法律法规，有志于推动互联网健康发展者，均可加入。

另一方面，政府也将网民作为治理对象实施严格的治理。比如要求网民实名上网，即网络实名制。实名制通过给予网民一种间接的、潜在的压力实现对内容的治理。2015 年 2 月，国家网信办发布《互联网用户账号名称管理规定》，要求互联网信息服务提供者按照"后台实名、前台自愿"的原则，要求互联网信息服务使用者通过真实身份信息认证后注册账号，这意味着中国开始全面推进网络实名制管理。作为一种内容限制的方式，网络实名制是中国政府酝酿已久的治理手段。其先是在教育部门和一些地方进行了试行：2004 年，教育部、共青团中央《关于进一步加强高等学校校园网络管理工作的意见》提出，高校要切实抓好校园网站的登记、备案工作，落实用户实名注册制度；2011 年，北京市新闻办等部门发布《北京市微博客发展管理若干规定》，要求任何组织或者个人注册微博客账号，制作、复制、发布、传播信息内容的，应当使用真实身份信息①。其后，网

---

① 北京市通过实名制规定时，国家层面尚无相关法规支持。北京市互联网信息内容主管部门新闻发言人就《北京市微博客发展管理若干规定》答记者问时称，个人注册微博客账号制作、复制、发布、传播信息，应当遵守包括《中华人民共和国电信条例》第 59 条第 4 项在内的，关于任何组织或者个人不得以虚假、冒用的身份证件办理入网手续，实施扰乱网络传播秩序的有关规定。也就是微博客用户要在进行真实身份信息注册后，才能使用发言功能。这实际上比较牵强，入网和实名账号注册是完全不同的概念，入网是对电信管理部门的实名，实名账号注册则是对网络内容供应商的实名。

络实名制在国家法律层面得以正式确定：2012 年 12 月，全国人民代表大会常务委员会通过《关于加强网络信息保护的决定》，对网络实名制提出了具体的要求：网络服务提供者……为用户提供信息发布服务，应当在与用户签订协议或者确认提供服务时，要求用户提供真实身份信息。

四、国家治理行动者主导的治理关系

在中国的网络空间内容治理中，在国家、市场和社会治理行动者的三方关系中，国家治理行动者居绝对主导地位。在西方传统的命令-控制型的治理中，国家同样在治理中占据主导位置——治理概念本身就包含国家这一更高主体控制和指导的理念。而中国国家治理行动者的"主导"又展现出一些自身的独特性。

一是不同国家治理机构间的合作关系实际增强了治理的执行力和效力。对于互联网这一具有多维特征的治理对象，多个国家治理机构参与治理是不可避免的，也是必要的。西方治理理论的一些研究认为，多个治理机构的多重治理带来的竞争有助于降低治理对象的负担。其理论背后的逻辑是国家并不是一维的，而是内部相互竞争的，不同的治理机构有着各自的利益考量。国内研究者对多重治理的关注点多集中在多头管理带来的治理效率问题上，认为多个治理机构缺乏协调和统一领导，给集中统一的治理决策、执行和指导带来了困难。在涉及国家安全和意识形态安全的内容治理领域，部门间的利益必须服从政治大局，所以，即使是在承担发展职能的工信部和承担内容治理职能的国家网信办之间，分工合作仍是主导，更不用说在同属宣传文化系统的其他治理部门之间。多头管理增加了被治理企业的负担，但并未减弱治理的效力。"九龙治水"的多头管理并没有造成监管的真空，而是加大了治理的力度，对于互联网企业来说，它们不得不同时面对多个部门的审查，增加了规避审查的难度。

二是强制参与的命令与控制型治理模式弥补了国家治理的信息劣势，提升了国家的控制水平。治理中不仅要求互联网企业服从治理，还要参与到治理中，网站企业不仅被要求承担对自身发布内容的审查责任，还被要求承担网民等其他发布者在网站平台上发布的内容的审查责任。米格代尔认为，社会控制的升级由三个等级指标来反映：服从、参与和合法性。按照这一观点，中国对互联网企业的强制参与要求是强化国家控制能力的表现。

三是对社会治理行动者的吸纳扩展了国家的控制范围。本章以中国互联网协会和"妈妈评审团"为例说明了国家对社会治理行动者的吸纳，这种吸纳在国家治理之外提供了一套协调参与机制，对处理一些不适合国家直接出面治理的问题或在宣传治理正当性方面起到了辅助作用。

China's **Internet Governance**
China's Internet Governance

第 2 章 ···

中国互联网的治理：互联网企业层面

2

中国互联网的治理：互联网企业层面

以互联网企业为代表的市场治理行动者，作为治理的客体存在，是国家治理的主要对象，同时其又作为治理主体对以网民为代表的社会治理行动者实施治理。它们一方面同国家治理行动者有着协作、潜在对抗的关系，另一方面与社会治理行动者也存在协作、竞争的关系。

第1节　互联网市场治理行动者

一、与国家治理行动者关系：协作和潜在对抗

在国家作为主导力量的中国网络空间内容治理中，协作是市场治理行动者的必选项，也是市场治理行动者与国家治理行动者的关系的主要类型。但与此同时，作为市场化的主体，互联网企业利润最大化的诉求经常与内容治理产生冲突，市场治理行动者与国家治理行动者的关系又因此表现出对抗的一面。

1. 与国家治理行动者的协作关系

协作是指若干人或若干单位互相配合来完成任务。协作与合作有些许差异，协作是合作的一种特定形式，属于工具性合作的范畴，可能是在一方主导下的行为应答，也可能是在某一支配力量的驱使下采取的共同行动。这里，协作是指市场治理行动者作为国家治理的辅助性力量，主动或被动配合国家治理行动者达成治理目标的行为，典型表现为在国家法规压力下，互联网企业所实行的自我治理。

自我治理并不是网络空间治理的新现象，在传媒治理中，新闻业尤其是广播电视业早已形成了比较成熟的自我治理机制，如成立新闻自律委员会、发起行业自律公约等。在网络空间内容治理方面，自我治理因既支持开放的、去中心化的互联网网络结构，又能够灵活回应

互联网行业的动态革新和不断出现的新技术而格外受到各国的重视。在对自我治理的研究中，一般将其分为两种类型：一种是将"自我"在个体意义上使用——单个公司建立自身的规则，一种是将"自我"在集体意义上使用——业界组织治理自己成员的行为。从一般意义上说，单个公司的自我治理是私人部门的特定产业或职业为了满足消费者需求、遵守行业道德规范、提升行业声誉及扩展市场领域等目的，对自我行为进行的控制。在互联网背景下，对单个公司自我治理的早期定义为：作为服务供应商、内容供应商或程序提供商的实体公司所作出的决定，诸如它们将发布什么内容，它们将在什么样的规则下运行，包括分级和标注内容的规则。

不过，随着 Web 2.0 的发展，公司的自我治理范围不再限于对自身发布内容等的规则的制定和实施，还包括对网民在公司网站上发布内容的管理，典型的是微博、微信等自媒体对用户的管理。《互联网新闻信息服务管理规定》要求，非新闻单位设立的互联网站只能转载、发送中央新闻单位或者省、自治区、直辖市直属新闻单位发布的新闻信息，不能登载自行采编的新闻信息。这样，由于国家治理的严格限制，非新闻单位网站的内容发布行为并没有多大的自主权，其自我治理并不典型。同时，对拥有采编权的新闻媒体网站的管理和其自我治理基本是传统媒体治理的延伸，无法体现出网络空间治理的特点。因此，这里重点关注商业互联网企业对用户的治理，主要结合新浪微博的主动协作案例来考察。

中国对网络空间的治理中，互联网企业协作是重要的辅助治理方式。国家网信办明确要求从事互联网新闻信息服务的企业加强内部管理和自律，"更好地肩负起社会责任"，并要求企业签署自律承诺书。如 2014 年 11 月，国家网信办就要求人民网、新华网、新浪网、搜狐网、网易网、腾讯网等 29 家网站签署《跟帖评论自律管理承诺书》。部分源于国家的压力，部分源于行业有序发展的需要，中国互联网信息服务网站发展出比较成熟的协作机制，其中新浪微博的社区管理是比较典型的公司协作实践。

第一，新浪微博协作国家治理的方式方法。

新浪微博是门户网站新浪网推出的提供微型博客服务类的社交网站，2009年9月正式上线。由于传播对象是不确定的多数受众，具有人际传播与大众传播的特征，是网络新闻的重要来源，微博常被称为自媒体。由于"人人都有发布权"，微博成为非法和有害信息如淫秽色情危害信息、垃圾广告和不实信息的重灾区。因此，政府主管部门治理网络时，微博成为其关注的重点之一。2012年，新浪微博发布《新浪微博社区公约（试行）》（以下简称《公约》），开始通过自我治理的形式对微博用户和内容进行协作治理。

（1）新浪微博的协作制度体系。

新浪微博的社区管理制度包括《公约》《微博社区管理规定》《微博社区委员会制度》《微博商业行为规范》《微博人身权益投诉处理》《微博信用规则》等六项制度，其中《公约》是核心，在广泛征求网友意见的基础上由新浪微博制定，其他五项制度可以看作《公约》的管理细则。根据《公约》，对微博内容的管理由代表公司的微博社区管理中心（自称"站方"）和代表用户的社区委员会共同完成。站方主动监控并处理"可明显识别的"非法有害信息，同时处理用户举报的信息。社区委员会分为普通委员会和专家委员会，以裁决机制共同判定涉及用户纠纷、垃圾营销和不实信息的举报。

（2）实施协作的出发点。

研究者认为，中国草根行业协会自律动机可以概括为三个方面：一是谋取和增进本行业的利益；二是获取合法性，通过自律发出信号以获取法律保障；三是为获取竞争优势而维系协会的发展。这三方面动机，前两方面是企业进行协作的出发点。

按照《公约》的说法，新浪微博主动进行治理的出发点是构建和谐、法治、健康的网络环境，维护微博社区秩序，更好地保障用户合法权益，但实际上，实行治理的根本出发点还是为了企业的利益。

新浪微博用户举报处理流程见图2-1。

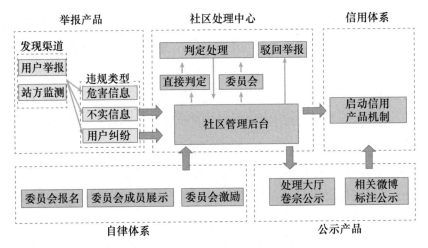

图 2-1　新浪微博用户举报处理流程

美国企业主动协作、实施自我治理常被认为是法律约束下的自我治理，即政府通过制定法规政策，促使业界实现自我治理。新浪微博主动协作的另一个出发点与此接近，即通过自我治理减轻政府的治理压力。

（3）站方的治理权力。

虽然《公约》称微博社区管理由站方和社区委员会共同完成，但实际上，站方的治理权力远大于社区委员会。站方的权力主要包括：第一，《微博社区管理规定》的制定、解释和实施管理。第二，对于可明显识别的违规行为直接处理的权力。微博管理相关规定中并没有对"可明显识别的违规行为"进行解释和定义，因此这一规定其实使站方的权力有很大的伸缩空间。第三，直接处理有害信息和违法信息的权力。第四，根据社区委员会判定结果进行处理的权力。综合以上，站方在治理中同时具有规则制定和解释权、违规判定权和处理权，集"立法、司法、执法"三权于一身。

（4）社区委员会的治理权力。

虽然我们认为社区委员会处理了大多数的用户投诉，但在内容治理方面，其权力并不大，只有对部分违规信息内容的裁决权，包括：普通委员会参与用户纠纷类违规中内容抄袭的判定，以及因发布垃圾营销信息被扣除信用积分的举报的复审；专家委员会参与不实信息类违规、复审举报类的判定，以及因发布垃圾营销信息被扣除信用积分的举报的复审。

第二，协作的价值。

研究者在总结公司主动协作治理的优势时，常将其与国家治理比较，认为其具有特定的优势。首先，在涉及基本权利的领域，如言论和信息自由方面，公司自我治理可以通过提出社会责任标准、保护用户远离冒犯性材料等避免国家干预，更适合跨国争议的处理，更迅速、富有弹性和有效；其次，具有更大程度的自由或自治度；再次，自我治理组织能够掌握更多有关专业技术的知识，获取信息成本低；等等。新浪微博的自我治理不同程度地体现了这些优势，现结合新浪微博的实践简单总结互联网企业协作在治理中的价值。

（1）低成本。

自我治理的低成本一方面表现为治理的行动者主要是网民，当事网民举报违规信息，由网民组成的社区委员会评判裁决，这大大降低了公司的违规信息发现成本和处理成本；另一方面，相对于国家治理而言，在公司协作国家进行的自我治理中，治理成本都是由公司承担，公共治理的成本几乎可以忽略不计。

（2）治理条款的有效性。

治理条款由微博运营方和微博用户共同制定，其直接出发点是解决现阶段矛盾最突出的问题，不像法规政策那样纠结完整性，针对性很强，实际执行的效率很高。比如对"色情信息"的认定，中国相关法规中都没有明确，但《微博社区管理规定》却明确提出了三类"色情信息"：

1）以现行法律法规为依据，有关规定中明确禁止的露点图片、视频，以及直接表现性行为的文字、音频内容；2）发布非色情类内容，但是通过暴露身体等引诱性的图片、音视频，将用户引导至第三方平台，进行线上线下的色情服务交易；3）通过"发福利""套图"等有特定含义的文字描述，将用户引导至第三方平台，进行线上线下的色情服务交易。

　　这种界定，自然经不起法律的推敲，但针对的是某个阶段微博平台上发布量比较大、比较典型的"色情信息"，简单有效。据新浪微博统计，在《公约》发布后一年时间里，微博社区管理中心共接到用户举报超过 1 500 多万次，其中处理骚扰用户的垃圾广告 1 200 多万次，淫秽色情危害信息 100 多万次，处理用户纠纷及不实信息 200 万次，超过 20 万人被扣除信用积分。可以想象，动辄千万次的违规信息处理如果走传统的司法程序，该投入多大的人力成本和时间成本。

　　（3）技术和信息优势。

　　国家治理的一大缺陷就是国家的"信息赤字"问题，国家很难全面掌握治理所需的相关信息，因而影响了治理规则制定和实施的有效性。公司由于业务优势，掌握着更全面的信息，并具有更强的专业技术能力，可以克服"信息赤字"问题。

　　比如针对网络谣言，国家网信办等职能部门多次开展打击活动，对传播谣言信息的网站、造谣传谣的具体当事人进行处理，虽然处理了相关方，但谣言依然在网上传播，传统的治理手段在互联网上成效不显。而新浪微博等网站利用自身的信息和技术优势联合成立辟谣平台，运作两年时间就汇集各类辟谣信息超过百万条，优势明显。辟谣平台所采取的机制其实并不复杂。

　　（4）常态化。

　　自律对商业活动和商业道德的影响是深远的，而政府只能通过禁止来达到目的，这对于许多行为和活动是无法触及的，而且这种控制只是一时的。国家对网络空间内容"运动式"治理的特点很明显，尚没有形成长效机制。公司主动协作的自我治理虽然也会有不同时段的侧重点和尺度松紧问题，但整体而言，治理是日常化的。《公约》形成的一些机制如用户举报机制、社区委员会裁判机制都有助于治理常态化。此外，公司也可以通过信息过滤和监控等技术手段的应用保证 365 天 24 小时随时响应、处理问题。

（5）灵活性。

公司主动协作的自我治理可以根据不断变化的环境快速调整，其治理规约修订程序相对简单、修订成本较低，比国家治理规约更具弹性和灵活性。《公约》自 2012 年 5 月推出以来，已经作了多次修订，大的框架结构和细节都有过调整。

（6）更强的遵从意愿。

内容治理在很多层面涉及言论和表达自由，敏感度高，如果以国家治理的方式限制特定言论或删帖很容易引发争议，公司以《公约》形式对自己平台内容进行管理，争议性相对较小，同时，网民由于可以亲身参与治理规则的制定，遵从意愿更强。

第三，协作的局限和风险。

从公共政策角度看，公司主动协作的自我治理亦有不少局限和劣势，有可能带来一些潜在的风险，比如治理可能不具合法性、实施过程缺乏透明性、条款具有歧视性和不稳定性等。

（1）合法性问题。

合法性问题表现在两个方面：一是治理权力来源的合法性；二是治理条款设置的合法性。公司主动协作的治理权力来源的正当性是其合法性的根源。普利斯特认为，自我治理的权力来源于同意通过契约建立并遵守治理的被管制者自身或政府，有五种权力来源模式：自愿的行为规章式自我治理的权力是通过契约自愿建立起来的；法令式自我治理的权力来源于政府的依法授权；企业式自我治理的权力主要来源于企业对其自身生产过程和雇员的控制，还来源于要求企业自我治理的立法；监督式自我治理的权力来源于监管主体依据其判断力或公共利益标准进行的授权；自我管理式自我治理的权力来源于政府通过契约式协议进行的管理权力的授予。也有研究者认为自我治理的合法性来源于效率，因自我治理比国家法律治理和社会治理更有效而具有正当性，自我治理回应"环境"的变化，发展并建立了独立于领土原则的规则，因此成为"法律"。

综合不同观点，本书认为，在内容治理层面，效率很难作为合法性的来源，如果单纯追求效率，国家治理也可以实施严苛的但更为有效的控制手段。根据普利斯特的分类，新浪微博治理内容的合法性来源有两方面：1）通过与微博用户建立契约关系获得的治理权；2）要求自我治理的立法获得治理权。先看第一个方面，即新浪微博是否具有因契约关系获得的治理权。《公约》规定："微博用户是指新浪微博的注册用户，其行为需遵守本公约；未注册者在本平台的活动亦参照本公约。"按照这个规定，在微博注册或在微博浏览都被视为和新浪微博公司方签订了协议，用户可以享有一定的权利并承担相应义务，即建立了合同契约关系。那么，根据《公约》的规定，管理方应该具有删帖等治理内容的权力。不过，由于删帖等内容治理手段关系言论出版自由，新浪微博进行治理的合法性仍受争议：一是我国法律规定，违反法律、行政法规的有强制性规定的合同无效，而言论出版自由是我国宪法规定的公民的基本权利之一；那么，这里的契约是否有效？二是有研究者指出，微博运营商作为一个企业，不能越俎代庖代替国家机关管理社会舆论。再看第二个方面，新浪微博是否因要求自我治理的立法获得治理权。《全国人民代表大会常务委员会关于维护互联网安全的决定》明文规定："从事互联网业务的单位要依法开展活动，发现互联网上出现违法犯罪行为和有害信息时，要采取措施，停止传输有害信息，并及时向有关机关报告。"《互联网新闻信息服务管理规定》等法规也有类似规定①。由此，法律授权是明确的，但相关法规没有对谁是"有害信息"的裁判者作出规定。换言之，法律虽然赋予了微博公司管理方删除"有害信息"的权力，但微博公司是否有资格有能力判定"有害信息"仍存争议。这也涉及公司自我治理的另一个劣势：规范性问题。

（2）规范性问题。

在某种程度上，规范性问题也是合法性问题的表现之一，主要涉

---

① 《互联网新闻信息服务管理规定》要求，互联网新闻信息服务单位"发现提供的时政类电子公告服务中含有违反本规定第 3 条第一款、第 19 条规定内容的，应当立即删除，保存有关记录，并在有关部门依法查询时予以提供"。

及两个方面：一是规则制定的规范性；二是实施的规范性。

在规则制定方面，公司自我治理自由度高，规则的拟定人员多不是法律专业出身，制定的规则不规范的问题通常比较突出。比如《微博社区管理规定》对"有害信息"和"违法信息"作了区分，但是一方面，《微博社区管理规定》将"根据现行法律法规，危害国家及社会安全的信息"（下分 9 个小类）界定为"有害信息"，实际上，按照我国法律，这 9 类信息都属于违法信息，界定为"有害信息"显然是有问题的，同时，这 9 类信息也没有将法律规定的"违法信息"全部涵盖进去。另一方面，在界定"违法信息"时不够全面，在具体解释时，将"微博认为应禁止或不适合通过微博传播的任何物品"涵盖在法律禁止的范围内。整个新浪微博《公约》体系规则不规范之处还有很多，这里不再一一列举。虽然我们不必要求公司治理规则像国家法律那么严谨，但不规范的规则本身会对用户理解和履行带来困扰。

在实施的规范性方面，主要是微博公司管理方对删帖的标准和尺度进行把握。如前所述，判断一个帖子是否属于"有害信息"或"违法信息"应属于司法部门的职能，现在由公司方管理团队判定，准确性和公正性都难以确保。实际上，删帖也最为微博用户所非议。从深层次看，用户的不满源于对删帖标准和删帖者权威性的质疑，此外，对于用户而言，管理方的删帖审核和复审都是不透明的。

（3）缺乏监督机制问题。

从某种程度上说，《全国人民代表大会常务委员会关于维护互联网安全的决定》等法律法规要求网络内容供应商对非法和有害信息进行管理，既是要求网络内容供应商承担的一种法律义务，也是对其管理各自平台内容的授权。既然是授权，就应该有一定的监督机制，因为不受监督的权力就有可能会被滥用。西方一些研究者认为，自我治理可能有治理俘获的风险，认为自我治理组织往往缺乏充分的激励去监察并公开披露其成员的违规行为，当公开披露其成员违规行为成为一种可信的威胁时，自我治理就有可能给自我治理组织带来声誉收益即组织成员有动机贿赂组织隐瞒他们的违规行为。我国也出现了网站工作人员"有偿删帖"等寻租现象，2015 年 1 月，国家网信办等部门还开展了"网络敲诈和有偿删帖"专项整治工作，侧面反映出这种情况不在少数。但目前为止，国家治理机关对公司治理的监督机制并没有建立起来。

2. 与国家治理行动者的潜在对抗关系

虽然协作是市场治理行动者与国家治理行动者关系的主要方面，但两者之间仍存在一定的对抗关系，有时，对抗关系甚至占据主导位置。当然，在大多数时候，市场治理行动者采取的是潜在的、隐性的对抗方式，典型的如"打擦边球""标题党"，利用弹窗、侧边栏、底端广告等位置用低俗标题故意推荐炒作低俗色情信息以提高点击量等。

市场治理行动者进行的对抗绝大多数是希望通过违规信息（主要是色情信息）的发布吸引用户，进而赢取利润。这种对抗，可以划分为两个层面，一是在个体编辑或产品团队层面，二是在整个公司层面。个体编辑或产品团队层面对抗关系产生的直接原因是要完成公司考核的关键绩效指标（KPI），在互联网公司，用户量和点击量是考核 KPI 的主要标准，而色情内容常被当作吸引用户的最直接的方式。

从国家网信办对故意编发、炒作低俗内容的网站查处情况来看，大的门户网站包括新浪网、腾讯网、凤凰网等几乎都有这种情况。2014 年 12 月，国家网信办查处登载低俗视频图片的行动，就涉及凤凰网"播客"频道、新浪网"日娱"和"娱乐图库"栏目、17173 网"818 游戏之外"频道、酷 6 网"主题"栏目、PPTV 网"娱乐"频道、腾讯网"性感热图"栏目等网站频道。

公司层面的对抗风险很高，尺度拿捏不准很可能会被关闭，典型案例是"快播案"。快播公司于 2007 年成立，主要业务是通过基于流媒体播放技术的客户端软件 QVOD 为用户提供网络视频服务。快播公司成立后迅速扩张，但公司业务因涉嫌侵犯版权、涉黄等原因屡遭举报。2014 年 5 月，全国"扫黄打非"办公室通报，快播公司存在传播淫秽色情信息的行为且情节严重。2014 年 6 月，快播公司因侵犯版权被深圳市市场监督管理局处以 2.6 亿元罚款。2014 年 9 月，快播公司因涉嫌传播淫秽物品牟利被查处。2016 年 1 月，快播案在北京市海淀区法院庭审，公诉机关指控，快播公司及其直接负责的主管人员被告人王欣等四人以牟利为目的，在明知上述 QVOD 媒体服务器安装程序及快播播放器被网络用户用于发布、搜索、下载、播放淫秽视频的情况下，仍予以放任，导致大量淫秽视频在国际互联网上传播。2018 年 3 月，快播公司破产倒闭。一般而言，公司层面的对抗主要是一些新创办的互联网企业为了快速扩大影响而进行的，发展到一定规模后，出于长远和整体利益考虑，公司层面一般不会再通过"打擦边球"发布色情低俗内容的方式追求利润。

实际上，一旦互联网企业发展到一定规模，主动与政府协作的可能性大大增加，而且，规模越大的互联网企业与政府的协作越密切，比如：百度公司董事长兼首席执行官李彦宏是全国政协委员、中华全国工商业联合会副主席；腾讯公司董事长兼首席执行官马化腾是中华全国青年联合会副主席，还曾受邀到国家网信办作关于"互联网＋"的专题报告；等等。

3. 其他关系形式

经典治理理论中，对于市场治理行动者和国家治理行动者关系讨论较多的是俘获关系，企业或企业利益集团通过游说、贿赂等方式影响治理机构，与国家治理行动者形成利益共同体，从而影响治理政策的制定及实施。但本书在研究中并没有发现明显的治理俘获现象，主要原因如下：一是内容治理事关重大，早有明文规定，不是讨价还价的领域；二是言论尺度问题更多是社会公共层面的问题，而非经济问题，不是专注于利润的市场化互联网企业的关注点。当然，在治理具体实施过程中，不排除有对具体工作人员的俘获现象。

此外，由于中国互联网企业尚未形成利益集团，利益集团博弈关系在治理中也不典型。

二、与社会治理行动者的关系

社会治理行动者的组成比较复杂，很难概括其主要关系模式。笼统地看，中国当前在网络空间内容治理方面的社会治理行动者有三类：协会性组织、网民志愿组织和网民。整体而言，互联网市场治理行动者即互联网企业对社会治理行动者并不重视，与其关系带有权宜色彩。

1. 市场治理行动者与协会性组织的疏离关系

如前所述，中国当前的互联网协会属于半官方的性质，常常作为"政府的助手"出现。因此，互联网企业同此类协会的关系比较疏离，虽然不少互联网企业是协会的成员，企业负责人还是协会的理事，但互联网企业对此并不热心，很少主动参与协会的工作。以中国互联网协会为例，协会的日常工作基本靠协会秘书处——一个半行政的机构具体安排，更高一级的协会领导机构是理事会，互联网企业的参与主要是在理事会层面，以企业负责人兼任副理事长或理事的方式参与，不过，企业的参与热情并不高。"日常工作主要靠秘书处，有的副理事长可能一年开理事会的时候才见得到"，"协会每两个月还定期召开理事办公会，理事长、主要的副理事长会来开会，其他的副理事长大部分都是派代表来"。协会《公约》制定是关系全体会员利益的一件大事，但在其制定中企业的参与度也不高，虽然会员单位在《公约》制定时有所参与，但参与程度有限。

根据一些国外的经验，企业之间经常通过结盟等方式组成利益团体，以更好地维护自身利益。但中国互联网企业并无此类团体，笔者找到的唯一业界联合组织是"无线互联网行业诚信自律同盟"，该同盟成立于 2004 年，初衷是积极响应 2004 中国互联网大会"构建繁荣、诚信的互联网"和"坚决抵制互联网上有害信息"的号召，由新浪、搜狐、网易三家门户网站共同组织成立，以维护行业自身发展和信誉度。同盟企业制定了章程，并组建了评审会和常务委员会，同盟企业通过对无线产品的自查和相互监督进行自律。内容治理方面，三家企业承诺"杜绝任何淫秽色情等有害信息通过我们提供的产品和服务进行传播"。不过，该同盟似乎雷声大雨点小，其网站自 2004 年 9 月同盟成立后就不再更新，所承诺要制定并在网站发布的"无线互联网行业诚信自律同盟章程"和"自律标准和细则"也不见出台，似乎成立后就没有了后续动作。2013 年 3 月，中国互联网协会成立了移动互联网工作委员会，其工作内容基本包括了"无线互联网行业诚信自律同盟"的工作，该同盟似无疾而终。

分析其原因，一是互联网业尚处于发展阶段，又加之内容治理可以通过"各人各扫门前雪"进行，作为竞争对手的互联网企业之间协调意愿和动力不足。二是长期以来，中国对行业协会采取"一地一业一会"的管理办法，县级以上同一行政区域内，一般不重复设立业务范围相同或相似的行业协会①。虽然这一政策近些年有所松动，但在互联网领域，这一惯例仍沿袭了下来，政府支持的互联网协会成立后，业界便无法成立类似组织了。同时，中国各级互联网协会下又分领域设立了专门委员会，将分领域的互联网业界联合责任也承担了下来，留给业界自组织的空间就很小了。比如就国家层面来说，中国互联网协会下有 20 余个专门委员会，包括移动互联网工作委员会、网络营销工作委员会、反垃圾信息工作委员会、互联网法治工作委员会、知识产权工作委员会等等。

2. 市场治理行动者与网民及网民志愿组织的复杂关系

市场治理行动者与网民及网民志愿组织关系的工具性和目的性很强。一方面，在"眼球经济"的互联网时代，网民关乎互联网企业的利润，企业需要和网民建立良好关系，互联网企业在治理实施中也需要网民的协助；另一方面，资本在面对网民时又是傲慢的，经常为追

---

① 1998 年颁布的《社会团体登记管理条例》第 13 条规定，在同一行政区域内已有业务范围相同或者相似的社会团体，没有必要成立的，登记管理机关不予批准筹备。

逐利润无视甚至藐视网民的诉求，这时，市场治理行动者与网民的关系又是对抗性的。

受众是媒介的商品，大众媒介的构成过程，就是媒介公司生产受众，然后将他们移交给广告商的过程。从这个角度而言，网民也是互联网企业的商品，互联网企业要追求利润，首先要有一定的网民受众，因此，互联网企业通过提供网民需要的内容维护网民关系自不待言，有时，为了迎合部分网民的需求，一些互联网企业甚至不惜打法律的"擦边球"，提供低俗甚至色情信息内容。

不过，在有些时候，市场治理行动者追逐利润的需求也会和网民产生矛盾，这时企业更倾向于选择直接追求利润。典型案例如"百度卖吧"事件。百度贴吧是百度旗下独立品牌，是依靠百度搜索引擎关键词组建的网民在线交流平台，注册用户达 6 亿，活跃用户达 2 亿，主题吧（分类社区）数量超过 1 000 万，号称全球最大的中文社区。面对如此庞大的用户和内容，百度贴吧采取的是"网民自治"的管理方式，即普通网民在达到一定发帖量和活跃度后，可以申请成为吧主，由百度管理方进行任命。通常，贴吧的内容由吧主全权管理，百度管理方不干涉具体管理，整个百度贴吧有约 450 万个吧主，志愿维护贴吧内容。2015 年，百度贴吧开始商业化，将部分贴吧如疾病类贴吧的管理权限，有偿提供给商业企业，而绝大多数来自企业认购、由百度直接任命的官方吧主拥有超级特权：可以随意删帖、置顶帖子和更换民选吧主，无须参与资格考核，无法被投诉下台。此举一经发酵，引发了网友的一片反对声，国家治理部门也就此事约谈了百度负责人。百度被迫对外宣布：百度贴吧所有疾病类贴吧全面停止商业合作。

在 Web 2.0 时代，在大型的社交网络平台上，用户作为网络内容的主要供应者，每天产生数以亿计的信息内容。这种情况给内容治理带来很大的挑战。无论是国家治理部门还是互联网企业，都难以单独依靠自身的人手和技术力量对如此庞大的内容进行审核和管理，有效处理违规信息仅依靠公司自身的人员配置是无法实现的，且由公司内部人员处理将会使得公平性难以保证。为了解决这个难题，互联网企业普遍利用网民力量协助进行内容管理，几乎在所有的 UGC（User-Generated Content，用户生产内容）平台上，网民（以版主、吧主等身份）都承担了大多数的内容治理工作。这是市场治理行动者与网民及网民志愿组织关系中表现比较突出的一点，这里仍以新浪微博的社区委员会为例说明。

在新浪微博的内容管理中，网民参与了包括《公约》制定到实施的大部分工作。《公约》实施过程中，由网民组成的社区委员会也是主体，按《微博社区委员会制度》中的说法，"普通委员会成员在 2 万至 6 万之间，专家委员会成员 2 000 人"，而微博站方的管理人员只有十几人，可以推测，大多数用户投诉是由社区委员会处理的。为了经营这种协作关系，新浪微博公司方采取了有效的管理和激励机制。

在管理机制中，《微博社区委员会制度》是最主要的管理规范，其设定了社区委员会工作机制，对社区委员管理进行了原则性要求："社区委员会成员应积极参与社区管理事务，实事求是，尽心尽职，办事公道。应热心为微博用户服务，接受微博用户监督，不得利用委员会成员身份谋求不正当的利益。"对于委员的申请条件也作了规定：一是要求有活跃度，以微博等级和最近 30 天的登录天数衡量；二是要求年龄大于 18 周岁。后续管理中还设定了一些退出机制，比如规定"利用委员会成员身份谋求不正当的利益""委员会经验值减为 0 分"等的，将失去社区委员资格。

新浪微博公司方对社区委员的激励主要是荣誉性的：微博用户成为社区委员后将享有"专属勋章"[①] 和"专属认证信息"。加入社区

---

① 微博勋章，是由微博衍生开来的应用及虚拟物品，作为对博主个性和参与活动的展示，以及实现对自己成就的满足感。新浪微博于 2011 年 6 月 21 日全新改版勋章平台，升级后的新浪微博勋章不仅种类丰富、获取规则有趣，样式也更吸引网友眼球，同时每位微博用户都有自己的勋章展示馆。新版勋章的上线将增加新浪微博用户使用时间，增强网友互动性，是新浪微博加强社区化的又一体现。每一枚勋章的获得都有相应的任务规则，完成任务即可领取勋章。

委员会是完全自愿且没有任何物质报酬的，除了网民对维护微博秩序的责任感外，这两个虚拟荣誉在吸引用户加入社区委员会中也发挥了不小的作用。

在保持社区委员的后续参与热情和评判认真度方面，社区委员会制度提出了"晋升体系"——"经验值"高的普通社区委员可以晋升为专家委员。经验值是社区委员会成员进行等级晋升和获取特权的唯一依据。通过社区委员会的审核后，普通委员会成员会立即获赠经验值20 分，并成为普通委员会成员。其后，通过社区委员是否能参与判定举报、判定是否正确等行为进行积分增减，如：出席判定举报加 2 分，缺席减 3 分；判定正确加 1 分，判定错误减 1 分。每月月初对所有社区委员会成员进行一次经验值排序，排序前 2 000 名的人员为专家委员会成员。

第 2 节　以社会治理行动者为中心

与国家治理行动者和市场治理行动者相比，不同社会治理行动者之间的差异很大，在治理关系中并非作为一个整体出现，比如对于一项国家治理政策，不同网民可能有不同的态度，从而形成对国家治理行动者协作或对抗的不同关系。因此，我们这里只概括社会治理行动者与其他治理行动者的几种主要关系类型。

一、社会治理行动者与其他治理行动者的关系类型

1. 有限的参与关系

一项治理政策的推行离不开社会治理行动者如网民的参与，这一点，无论是国家治理行动者还是市场治理行动者都认同。同样，对网络空间内容的任何治理都直接关乎社会治理行动者的自身利益，如果这种关联是正面的，社会治理行动者通常会参与其中，但这种参与程度是由

国家治理行动者和市场治理行动者决定的，是有限的参与。参与关系的实例有很多，比如，对于国家治理，可以通过国家治理部门公布的举报电话对不良信息进行举报；对于市场治理，网民可以通过申请当版主、吧主等参与其中。

在国家治理中，一般社会治理行动者参与合作治理的渠道主要有两个：一是通过官方公布的举报渠道对违法和不良信息进行举报；二是在官方公布法律法规草案时，按官方公布的方式提出意见建议。这两个渠道中，举报方式更多，公众参与的人数也多。据官方数据，2014 年，国家层面的互联网违法和不良信息举报中心受理处置公众举报 109.4 万件；地方层面，北京市互联网违法和不良信息举报中心受理公众举报不良信息 3 万件。第二个渠道，公众参与情况官方未有公布，但从同类研究推断，公众参与度不会太高①。不过，参与人数多少并不是衡量治理参与度的唯一指标，甚至并非主要指标，参与途径的多寡才是衡量合作治理质量的有效标准。从参与途径来说，这两个渠道可以划归为一类，它们都是在政府主导机制下的有限参与，公众几乎没有独立发挥作用的空间，而且政府机制中并没有安排对公众参与的回应，公众无从知晓自己的举报和意见是否能被治理部门处理或采纳。换言之，政府虽然给予公众合作治理的渠道，但其硬性的管制特征明显②。

在市场治理行动者主导的治理中，社会治理行动者参与也是有限的。比如，版主、吧主的最终任免权都属于互联网企业的管理人员，普通网民参与的渠道和权限则有限。

---

① 研究者在一项对《上海市市容环境卫生管理条例修正案（草案）》公开征求公众意见的研究中指出，2008 年 10 月 24 日至 11 月 10 日，在公开征求市民意见期间，上海市法工委立法一处共收到市民意见建议和投诉类来信、传真、电子邮件 52 件。其中来信 25封、传真 8 份、电子邮件 19 份。据此推断，全国层面的公众参与度会比上海市的高一些，但总体参与人数仍非常有限。参见：张进. 公开地方立法草案征求公众意见的实证研究. 上海：上海社会科学院法学研究所，2009.

② 洛贝尔指出，硬性的管制程序通常包括对于参与范围、参与者之间交流形式和决定作出的方式的内在要求，比如行政程序法下的通告评议程序。柔性程序放松了这些要求，允许开放沟通、流动参与和在共识基础上的协商。

2. 自主自愿的协作关系

自主自愿的协作关系体现为网民基于公益考量自发成立志愿性社团，对网络内容进行治理。这种治理的出发点虽然不是协助国家或市场治理行动者，但实际上起到了协作的作用。当前我国网络上草根型志愿组织为数不少，较知名的包括辟谣联盟、反诈骗联盟、反抄袭联盟、中国反色情网等，由于中国政府对社会团体的成立和登记有严格的规定，这些志愿组织几乎都没有在民政部门登记，属于"黑户"，处于"非法状态"。

在自主自愿的协作关系中，网民参与度非常高。网络志愿组织参与门槛低，有兴趣即可参与，可以在短时间内吸引很多人的参与和关注。比如辟谣联盟，2011 年 5 月成立后短时间内成员达到近千人，其成员来自天南海北，并没有实际办公场所，将 QQ 群作为虚拟会议室。辟谣与否和谣言审核都是通过正式成员投票制进行，以审核委员会成员"多数同意、一票否决"的原则决定是否辟谣和是否发布辟谣结果。辟谣联盟还专设执行小组，专事收集辟谣选题并予以攻克，普通成员可以依据自己的专业优势和地理优势参与辟谣过程。

自主自愿协作关系的弱点也很明显。一是组织松散，持续时间短。草根型志愿组织一般没有严格的限制，加入退出都凭自愿，甚至发起人多属一时兴趣，一旦兴趣过去，组织便名存实亡了。实际上，很少有网络志愿组织热情能持续一年。二是对于志愿者的激励不足。研究者认为，对于组织外部的社会公众，志愿组织提供的公共服务属于志愿性公益；对于组织内部的组织成员，志愿组织则需要提供足够的物质激励和持续的精神激励。但目前我国网络志愿组织多未被官方认可，并无接受捐款等稳定的资金来源渠道，组织人员几乎全是义务工作，甚至还要自掏腰包。缺乏足够的物质激励和持续的精神激励，使得组织人员流动性大，组织生存时间短，很难规范化并对网络内容治理发挥持续性的影响。

3. 依靠官方力量

在网络空间内容治理中，网民和网民志愿组织可以发挥作用的空间主要在对诈骗信息、色情等非法内容的发现举报上，最终处理需要依靠国家治理部门；同时，作为一项志愿性和公益性比较强的事务，与国家治理部门建立一定联系甚至仅仅获得国家的肯定，都有助于提高组织的公信力。因此，"妈妈评审团"与首都互联网协会、北京市网信办都建立了密切的工作联系。

4. 潜在对抗关系

"社会对抗国家"是西方一些学者提出的国家与社会的关系模式，其认为国家与社会的关系是一种支配和被支配、控制和被控制的关系，二者相互对立。在中国的网络空间内容治理中，社会治理行动者和国家治理行动者、市场治理行动者也存在对抗关系，大多数时候，这种对抗是间接的而非直接的、潜在的而非公开的。

社会治理行动者与国家治理行动者的对抗主要表现在以下两个方面：一是网民通过技术手段或其他方法规避国家治理。比如通过代理服务器绕开对国外信息的封堵，又如通过对被屏蔽的关键词中间添加其他字符、用其他词语替代被屏蔽关键词绕开技术屏蔽，等等。二是对具体治理事件的围观、表达意见，其特点是不直接评论治理政策，对国家治理行动者的刺激较小。

具体网站平台言论的尺度直接影响用户的数量。尺度过紧，用户可能"用脚投票"，另选其他网站平台；尺度过松，则有可能招致国家治理部门的干预。互联网企业一般尽量在两者之间寻找平衡，避免与任何一方对抗。因此，社会治理行动者与市场治理行动者的对抗冲突相对少了一些，但有时因为互联网企业过于追求商业利益，两者之间也可能会发生直接的对抗，如在"百度卖吧"事件中，百度就遭到了网民的集体对抗。

二、不均衡的治理行动者结构性关系

我们发现，在中国的网络空间内容治理中，治理行动者之间的关系是以国家治理行动者为主导的。即使从市场治理行动者和社会治理行动者的角度来看，国家治理行动者仍处于支配地位。同时，我们还发现，在社会治理行动者与市场治理行动者的力量对比中，社会治理行动者处于弱势地位。这种三方结构性力量的不均衡也反映在三者关系类型中，具体说：

（1）在大多数时候，市场治理行动者和社会治理行动者都是作为国家治理行动者的辅助性力量出现的。协作是市场治理行动者与国家治理行动者关系的主要类型，无论这种协作是出于自愿或压力；社会治理行动者在国家治理中直接发挥作用的空间很小，最主要的形式是向国家治理部门举报非法内容，这本身就限定了社会治理行动者的位置。虽然三者关系中也存在对抗，但对抗是有限的、非根本性的。市场治理行动者进行对抗的出发点只是获取局部的利益——期望获取更直接的市场利润；社会治理行动者的对抗虽然是针对治理本身，但更多是属于规避性质的，尚不足以对国家治理行动者带来实质性的挑战，而且，大多数组织化的社会治理行动者更期望被纳入而非挑战国家治理。

（2）无论是与国家治理行动者还是与市场治理行动者相比，社会治理行动者都是弱势的。这种弱势体现在两个方面：一是尚没有形成稳定的、独立的志愿性社团[①]。志愿性社团是松散的网民能够形成独立力量的关键。志愿性社团可以为公民提供参与公共事务的机会和手段，提高他们的参与能力和水平。当前，中国虽然已经形成了一些草根型网络志愿组织，但此类组织要么对国家有较强的依附性，要么过于松散，缺乏凝聚力，内部运转机制也不够完善，稳定性不足，还未

[①]　这里采用何增科对志愿性社团的定义：不是建立在血缘或地缘联系的基础上，成员的加入或退出是自愿的，并且不以营利为目的。它是团体成员基于共同利益或信仰而自愿结成的社团，是一种非政府、非营利的社团组织。

形成国家治理行动者和市场治理行动者之外的独立力量。二是社会治理行动者的实际参与非常有限。社会治理行动者的参与形式和参与范围都是由国家治理行动者和市场治理行动者划定的，在关键的治理政策制定中，社会治理行动者无法进行实质性参与，其角色仅限于治理执行的协助者。

China's **Internet Governance**
China's Internet Governance

第 3 章 ··

中国互联网治理研究的热点：网络舆情研究

3

中国互联网治理研究的
热点：网络舆情研究

重视互联网舆情的治理，是中国互联网治理的一大特色。

第 1 节　网络舆情的发展历程

　　研究中国网络舆情的发展历程需要对我国互联网的发展有一个基本了解。中国互联网的发展始自 1980 年在中国香港建立国际信息在线检索终端。1994 年 4 月，中国国家与计算机网络设施（NCFC）工程接入 Internet 的 64K 国际专线开通①，这一事件标志着中国实现了与国际互联网的全功能链接。1998 年，互联网普及明显提速，互联网成为中国民众获取信息、表达意见的重要平台。因此，从 1998 年开始，网络舆情事件开始在我国批量涌现，北约轰炸我国驻南斯拉夫大使馆（1999 年）、南海撞机事件（2001 年）等重大事件起到了催化和激发作用。

　　纵观 20 多年来的网络舆情发展及其治理，中国网络舆情历经了网络论坛、微博、微信等几个重要阶段，与中国网民的互联网接入终端设备更新相匹配。随着手机的日益普及和广泛使用，舆情的生成和传播阵地已从 PC 端走向移动端。以下将从网络论坛、微博、微信这三个阶段来分析网络舆情的不同特征，对中国网络舆情发展脉络作一个基本梳理。

一、以网络论坛为主的阶段（1998—2009 年）

　　这一阶段以 1998 年"印尼排华"事件为起点，当年 5 月，印尼发生针对华人的暴动，导致 1 250 人死亡，这在网络上引起了大范围的舆论风潮。事件发生之初由于印尼政府隐瞒和网络普及度尚且不够，在中国民众当中并没有引起讨论，而是全球华人的网络讨论将此

---

① 陈建功，李晓东. 中国互联网发展的历史阶段划分. 北京：中国互联网络信息中心，2014：3.

次舆论推向高潮。这次舆论事件，实现了网络舆情从无到有的突破，标志着民众开始在网络上表达情绪与意见，催生了网络舆论。此时，中国网络舆论主要表现为情绪的宣泄，也是中国网民应对暴力活动的一种途径①。这与我国的爱国主义传统教育和民族团结的传统意识相符合，也意味着爱国事件一直是我国网络舆论事件的重要组成部分。

1. 主要平台

这一时期的网络舆情平台主要有百度贴吧、校园 BBS、人人网、各类论坛（强国、天涯）等。

这一时期，互联网舆情主要集中在网络论坛中，以网民集中发帖讨论的形式出现。出现这种情况的原因在于：首先，在互联网发展初期，互通互联的特性以及相对开放的自由讨论空间能够使网民以最快的速度得到事件的相关信息，并且在网络上发表自己的看法。其次，这一时期网络对话形式的交流尚不普及，MSN、QQ 等即时通信工具主要用作人际间的交往联系和日常事务沟通，网民更加乐意在贴吧和校园 BBS 等开放平台上发表关于公共事务的言论并且与他人进行讨论。

网络论坛有前期的强国论坛、天涯论坛和后期的搜狐论坛、虎扑论坛等。例如，1999 年 9 月 5 日创办的"强烈抗议北约暴行 BBS 论坛"，是我国新闻网站创办的最早的时政论坛，其创办是为了表达广大网友对以北约为首的美国袭击中国驻南斯拉夫大使馆野蛮行径的强烈愤慨，开通一个多月即在海内外产生了重大影响。同年 6 月 19 日，该论坛更名为"强国论坛"。2006 年 4 月，热门网游《魔兽世界》玩家"锋刃透骨寒"在网上发帖自曝其结婚 6 年的妻子由于玩《魔兽世界》并加入了"锋刃透骨寒"所在公会，和公会会长"铜须"（一名在读大学生）在虚拟世界里长期相处产生感情，并且发生出轨行为。

---

① 李庆林，张超，吴芳菲. 网络舆情的发展阶段及其特点研究. 编辑之友，2014 (11).

此帖迅速被转至天涯、猫扑等各大论坛，网民纷纷对该大学生进行指责并对当事人的信息进行披露。由此引发的"铜须门"事件和中国网民的人肉搜索行为引起国内外各界的广泛关注。从此，网络舆论不再是人们印象中虚拟空间的情绪抒发、观点讨论，而是会对社会现实和网民个人生活产生巨大影响。

百度贴吧在互联网发展早期阶段是网民加入群体讨论的主要渠道。它以个人开帖、他人跟帖的形式实现对于社会事件的讨论。相较于网络论坛而言，贴吧内部有一套完整的运行规则，并设置吧主等管理岗位，贴吧群体成员之间的联系更加紧密。2016 因周子某事件，百度李毅吧（后称"帝吧"）成员组织了一场有序的"帝吧出征"行动，2017 年初由于"台独"分子的不当言论，帝吧再次"远征"，以分工明确、纪律严明的组织行为"攻陷"了《苹果日报》、"三立新闻网"、蔡英文的 Facebook 账号。由此可见，百度贴吧作为一个网络社群组织，同时也具有类似社会组织的行为能力，其能在网络舆情中扮演重要的角色。

校园 BBS 作为大学生团体的网络社区，在网络舆论发展的初期也一直扮演着重要角色。国内比较知名的校园 BBS 有水木清华 BBS、北大未名 BBS、南大小百合 BBS、浙大海纳百川 BBS 等。1999 年 5 月 8 日，北约空袭南联盟，中国驻南斯拉夫大使馆遭遇美国袭击。大家纷纷涌到校园 BBS 的相关版面参与事件讨论。当天下午，复旦的学生聚集在学校相辉堂前喊口号抗议北约，"日月光华"站务委员会专门开设 anti－NATO（抗议北约）版，临时任命两位版主。而在北京大学电教中心的机房，前来上网的大学生明显增多。校园 BBS 作为在校大学生的社区，具有一定的封闭性，成员是教育水平相对较高的群体，其在网络舆论事件中也能更多保持理性的讨论和行动。

以上是早期互联网时代的主要网络舆论平台，这一时期人人网等其他平台也在舆情传播中发挥着重要作用。进入移动互联网时代，百度贴吧、虎扑社区等仍然保持着相当高的活跃度。在以这些网络平台为主的舆论时代，舆情传播有圈层化、封闭性等特点。

2. 网络论坛舆情传播的特点

（1）圈层化：网络舆情在特定的群体里传播。

网络论坛的舆情传播呈现圈层化的特点，对于舆论事件的讨论集中在某一论坛群体之内，而论坛之外的个人和群体很难接收到相等或相同的舆情信息。这些特定群体包括网络爱好者、技术先锋、特定主题的网上阅读者、大学生群体、特定高校群体等。

出现这种现象的原因在于：相对于大众传播时代的舆情传播而言，这一时期的网络论坛使人们跨越了现实社会中时间、地点、年龄、地域、身份的差异，能够凭借相同的兴趣爱好和关注的事物集中在一起，共同兴趣和相似的价值观是网络群体主要的联结纽带。这样的形成过程本身就带有圈层化、群体化的特征。而相对于移动互联网时代舆情传播的全民化而言，网络论坛时代的舆情传播更集中于该论坛群体内部，不同论坛群体之间难以做到更加广泛的互动。这一时期缺乏类似于微博广场喊话形式的观点表达和意见沟通，因此圈层化特征也就非常突出。

例如，"孙志刚事件"发生之初，论坛舆情传播的圈层化特征十分明显。2003年3月，在广州工作的湖北青年孙志刚因没有暂住证被送至收容人员救助站后死亡。根据"孙志刚事件"的首次曝光记者陈某写的采访记，该事件最初是在"西祠胡同"论坛的"桃花坞"讨论区发布的，事件发布者是一个传媒专业的研究生。但是这篇帖子在当时并没有被广泛关注，仅仅是在论坛内部传播，直到陈某发现后并经《南方都市报》报道，并且同一性质案件被曝光多起之后，才在社会范围内引起广泛讨论。而在2006年"铜须门"事件中，对这一事件保持高度关注的人群均集中于天涯论坛，同时也是对《魔兽世界》这一款网络游戏有一定了解的人群。

因此，我们可以得出的结论是，网络论坛舆情传播群体相对集中，传播者一般对舆情事件有基本的了解，但是如果不经大众媒体报道则难以在论坛之外形成更加广泛的社会影响。

（2）封闭性：信息主要在网络世界里传播，很难从线上传递到线下。

在网络论坛时期，由于互联网尚未普及全民，舆论事件往往在特定网络群体内传播，网络之外的人群由于硬件设施和教育水平等限制难以参与到事件讨论当中。

2007年10月12日，陕西省林业厅召开发布会，以陕西农民周正龙于当年10月3日拍摄到的两张华南虎照片为证据，宣称陕南镇再次出现珍稀物种野生华南虎的踪迹。10月15日，一篇题为《陕西华南虎又是假新闻?》的帖子出现在天涯社区，该帖对周正龙拍摄的两张华南虎照的真实性提出质疑，怀疑有后期制作加工的可能，并对照片提出几点可疑之处，发动网友鉴定。随着各大论坛、博客相继转帖，以论坛、博客用户为主要代表的网民以"公民记者"的角色时时关注事件的发展变化，在互联网平台掀起了一场舆论打假的热潮①。华南虎事件作为早期互联网舆论的代表性事件，在社会上引起广泛讨论。这一事件的高潮仍旧局限于互联网论坛，并未能引起不使用互联网人群的热烈讨论，可见网络论坛的舆论对线下影响有限。

这种论坛时期的封闭性特征使得网络舆论传播自动过滤了大部分不使用互联网的社会群体。这一部分人由于文化水平或者经济等各种因素很少参与互联网讨论，一方面减少了舆论暴发时的嘈杂声，增加了舆情传播的可控性；但另一方面也使得网络舆情难以产生更大范围的社会影响。

（3）关注点集中：主要集中在重大的社会事件和公权力滥用方面。

早期互联网舆论事件主要集中在重大的社会事件和公权力滥用方面，这一时期的舆情暴发大多是因传统新闻媒体所报道的事件引起的。2000年发布的《互联网站从事登载新闻业务管理暂行规定》规

---

① 李明哲，陈玮，郑广嘉. 互联网改变中国：2003～2012年网络舆情事件十年盘点. 北京：社会科学文献出版社，2013.

定，只有传统媒体创办的网站，经过申请、审批才有新闻首发权，其他网站皆不具备新闻采访与首发的权力，其只能转载传统媒体或新闻网站的新闻。另外，也是因为这一时期活跃在网络论坛上的群体受教育水平较高，他们对于重大社会事件和公权力滥用问题较为敏感。

在对 1998 年至 2009 年 160 起舆情案例的调查分析中发现，政治领域里的事件占所有案例的 21.5%，显示出网民对政治领域话题的很大关注。网民一方面积极关注政府的管理绩效，另一方面积极监督管理中的腐败问题。而对社会事件的关注也不少，如：2009 年罗彩霞冒名顶替上大学、2009 年南京婴儿徐宝宝医院死亡、2008 年三鹿奶粉事件等①。

（4）传播速度慢：舆情发酵时间长，扩散力度弱。

网络论坛时期的舆情传播相对于社交媒体时代的舆情传播而言传播速度较慢，难以迅速且大范围暴发。这一时期的舆论观点表达主要通过由版主自行发帖引起讨论的形式，而这就造成了如果事件内容复杂，则需要参与者有一定的文化知识水平和阅读理解能力，需要有长时间阅读的耐心去充分了解事件的来龙去脉，才能够对事件发表一定的看法。这一时期的舆情传播更多的是以长文论战的形式，而非你一言我一句的群聊形式。

以 2009 年邓玉娇案为例。2009 年 5 月 10 日晚，湖北省巴东县野三关镇政府 3 名工作人员在该镇雄风宾馆梦幻城消费时，与女员工邓玉娇发生争执。邓玉娇用刀将对方两人刺伤，其中一人被刺中喉部，不治身亡。经证实，死者是野三关镇政府招商协调办公室主任邓某某。5 月 12 日，《三峡晚报》刊登了《镇招商办主任命殒娱乐场所》一文报道此案。媒体的公开报道促使邓玉娇案成为公共话题。而5 月 12 日到 16 日，强国论坛议论该事件的主帖一直不超过 10 篇。5 月 15 日，《试揭一揭巴东娇女判官案的神秘面纱》的主帖作者建议组

---

① 钟瑛，余秀才. 1998—2009 重大网络舆论事件及其传播特征探析. 新闻与传播研究，2010（4）.

成律师团赴巴东支援邓玉娇。5 月 17 日，网友再次呼吁组建律师团对邓玉娇进行法律援助。5 月 20 日，两位律师介入邓玉娇案，表明舆论对现实案件已产生实际影响，标志着网络舆论的最终形成。邓玉娇案网络舆论的演变过程大致可以描述为：5 月 12 日至 20 日为舆论形成期，5 月 20 日至 26 日为舆论发展及波动期，5 月 27 日至 6 月 19 日为衰减期，6 月 19 日之后关于邓玉娇案的网络舆论渐渐消失①。由此我们可以看出，从事件发生到舆论发酵再到舆论衰减经过了一个多月的时间，而在当下的互联网环境中，往往在几个小时之内就能完成某一舆论事件从发生到衰减的全过程。

（5）依靠传统媒体见效：有一定影响的舆情事件需要传统媒体的首发报道和跟进。

这一时期发生的舆情事件往往都是由传统媒体的报道引发的。其原因如前所述。

这里仍以"孙志刚事件"为例。最初该事件曝光在网络论坛上，但未引起广泛讨论，直到经由《南方都市报》报道和其他传统媒体跟进报道才引起社会的广泛重视。而 2003 年的阜阳奶粉事件也是因中央电视台率先报道安徽阜阳出现因食用奶粉而导致"大头娃娃"这一事件，才引起网络媒体和网络论坛舆论的跟进。

综上所述，由于互联网普及率不高，以及上网设备等硬性条件限制等原因，早期网络论坛的舆论传播呈现出圈层化、封闭性、关注点集中、传播速度慢、依靠传统媒体见效等特征。这一时期，人们在讨论事件时更易于为群体所代表，个人的力量尚不凸显。这一时期也是中国网络舆情的起步阶段，社会事件第一次被人们在互联网上进行无差别讨论并由此引发了广泛的影响力。互联网舆论初步体现了强大力量。

二、微博阶段（2009—2013 年）

2009 年 8 月，新浪微博的开通让微博正式成为国内主流上网人

---

① 张燕. 邓玉娇事件中网络舆论的形成与演变. 新闻天地，2011（3）.

群的主要工具。2012 年国内使用微博人数多达 3 亿，而在 2014 年底，这一数据下滑至 2 亿。微博的兴起与热度减退也恰巧与微博舆论的发展阶段相对应。需要强调的是，微博至今仍然是中国网民的重要舆论传播场所，只不过随着移动社交媒体的进一步发展，微博不再是唯一可以引发舆论的社交传播平台。

1. 从博客向微博的转型

2009 年，微博开始走入人们的视野。此后，腾讯滔滔、新浪微博、腾讯微博等各种短消息发布平台纷纷出现。据微博 2021 年三季度财报，三季度微博营收达 6.07 亿美元。截至 2021 年 9 月，微博月活跃用户数达到 5.73 亿，来自移动端的用户数占 94%；日活跃用户数达到 2.48 亿。

而这一时期，网络舆情传播也由网络论坛走向微博。原因在于，微博更加符合移动媒体时代的发布特征。一方面，最短 140 字的发文限制节省了人们的阅读时间，也使得关于重大事件的报道能够以更快的速度出现在人们视野当中，即时性的发布机制实现了信息发布与现实世界的事件发生同步，使用户能够实时跟进事件进展，及时发布自己的观点。另一方面，手机移动设备的不断更新使得信息及时更新与传输成为可能，同时也降低了民众参与社会事件的门槛，民众参与网络讨论不再需要电脑等硬件设备，舆情的发生与传播均可以在手机客户端完成。这一转变也意味着中国互联网舆论传播正式迈入全民化阶段。

2010 年 9 月 16 日上午，在南昌昌北机场的女厕所外，抚州市宜黄县政府人员在大声敲门，让里面的人出来谈一谈。厕所里，钟家两姐妹恐惧无助地度过了 40 多分钟，靠着手机与外界保持通话，等到有记者到场才敢开门。在接下来的一周，钟家的拆迁冲突在网上被传得沸沸扬扬，这场"女厕攻防战"成为当天网络的焦点。靠着"保持通话"，《凤凰周刊》记者邓飞在微博直播该事件的实时进展，引发了全国网友的关注。后来被拆迁户钟如九自开微博，并依靠微博在 24

小时内完成了为病重的母亲转院这一行动。宜黄拆迁事件是见证"微博力量发酵"的标志性事件[①]。自此之后，中国网络舆情传播阵地从网络论坛完成向微博的转移。

2. 各大平台微博系统竞争：新浪、腾讯、网易、搜狐等

早期的微博客户端市场存在着激烈的竞争，主要有新浪微博、腾讯微博、网易微博和搜狐微博等。作为即时信息发布平台市场的同类型产品，各大微博在竞争阶段为了吸引更多的用户以盈利，纷纷抢占市场，邀请意见领袖入驻，鼓励用户更新即时消息以成为舆论事件的中心讨论场。纵观早期竞争，微博呈现出差异化的发展态势。

（1）新浪微博：名人效应。

新浪微博在发展之初充分意识到了意见领袖的作用，吸引了一批"微博大 V"打造名人效应。早期入驻微博的"大 V"有李开复、姚晨等，这些博主在商界、演艺界等均具有较高的知名度，用户纷纷成为这些意见领袖的追随者、支持者、围观者。由"大 V"带动的群体效应使早期舆论竞争更加有力，这也是新浪微博最终能够成为市场主要领导者的重要原因。

（2）腾讯微博：交互社区。

依托 QQ 客户端的用户导入，腾讯微博在早期的发展以即时通信为方向，重点凸显社区属性，同时引入手机腾讯网、QQ 空间等旗下固有的媒介产品，形成完整的信息发布的生态化链条。早期腾讯微博发展战略中较为突出的措施为"腾讯问政"板块，区别于新浪微博的名人效应，腾讯微博以此开辟了政务消息平台的新领域。

（3）搜狐微博：草根建设。

搜狐微博更加看重草根微博和校园微博的建设，以产品整合的战略把微博作为社交网络服务（SNS）的纽带，提升用户体验[②]。

---

① 谢耘耕. 新媒体与社会. 上海：上海交通大学出版社，2011.
② 李鹏炜. 市场细分与国内门户微博战略：以新浪、腾讯、搜狐、网易网为例. 新闻前哨，2012 (6).

但由于其进入市场较晚，发展方向不明确，因此未能在早期市场上占据有利位置。

（4）网易微博：观点态度。

网易作为新闻质量较高的新闻网站，其在微博发展战略中仍然秉持将有质量的观点作为主要发展方向的原则，鼓励草根明星发表个人态度和观点，将"有态度的新闻"作为主要发展目标。但是这与微博早期快速便捷的信息流发展逻辑并不相符，因此网易微博并未能在早期微博的竞争中取得有利地位。

从以上分析可以看出，微博的发展始终是建立在人际关系交往之上的，只有为用户提供更好的链接体验，使用户能够以更快更便捷的方式获得信息，并且在相对开放的网络公共领域中引发讨论，方能在舆论市场上占据有利地位。2014 年网易微博关闭，2017 年搜狐微博关闭，微博市场的激烈竞争逐渐演化为新浪微博和腾讯微博两家独大的竞争态势。

3. 新浪微博与腾讯微博竞争激烈，处于头部位置

新浪微博用户多并在舆论影响力和活跃度上领先，腾讯微博依靠渠道力量拥有大量用户，但在内容原创性与活跃度上不如新浪微博。

新浪微博和腾讯微博的优势在早期市场竞争中比较突出，因此能够在微博市场上占据一席之地。两家微博的发展方向及舆论类型均有较大的差别。新浪微博的开放平台是"基于新浪博客系统的开放信息订阅与分享、交流的平台"，可以为用户提供"海量的微博信息、粉丝关系，以及随时随地地发生的信息裂变式传播渠道"。腾讯则是以开放平台为核心向移动互联网等新领域拓展[1]。

新浪网站是国内领先的门户网站，一直以其独到的新闻视野、犀利的评论和名人聚集而著称，新浪微博也因此拥有较强媒体特征以及深度化的内容。早期新浪微博上的舆情传播主要以重大社会事件或名

---

① 李伟娜. 四大门户网站微博差异化比较研究. 中国报业，2012（22）.

人新闻为主,这是其打造"大 V"引领观点市场计划的成果①。如"郭美美事件""三聚氰胺事件"等。

腾讯本身已经拥有目前国内最大的网络通信用户群,提升腾讯微博的用户量并不难,并且其基于 QQ 的"深关系链形态"让腾讯微博拥有了更强的社区属性,为了与新浪微博进行差异化竞争,腾讯微博主要以政务消息为主,其舆论力量也更多地集中在微博问政领域。

需要强调的是,新浪微博与腾讯微博并不是完全独立的舆论场,这一时期的舆情传播往往呈现全网蔓延的形式,在各自占有的市场上均有舆情传播的情况。而后期伴随着腾讯公司市场战略的调整,腾讯微博主要以抢占移动互联网即时通信入口为方向。此时,新浪微博的广场喊话形式以及热搜榜等版面布局使其在微博舆情时代最终占领了市场高地,成为"微博"的代名词。

4. 微博成为网络舆情的最重要发源地

微博平台具有信息发布简洁、粉丝关注较多、评论与转发方便的特点。微博上的自媒体释放微博的力量,开启信息裂变传播模式,信息传播速度、传播范围空前提升,舆论影响大幅提高。微博成为网络舆情的最重要发源地。

微博之所以能够大范围流行,在于其提供了一种与网络论坛完全不同的全新的信息传递方式。在微博平台上,用户能够通过个人主页的发帖形式表达自己的看法,同时实时更新的帖子也会显示在微博主页上;而在好友圈功能中,用户也能了解到相互关注的好友的看法,这就使得大众传播、群体传播以及人际传播在同一个平台上得到统一,实现了所有人向所有人的传播,打通了论坛时期那种不同论坛群体之间的隔阂。微博能够在舆情传播中产生巨大影响力的原因在于:

---

① 罗颖瑶,郇锦雯. 新浪微博与腾讯微博的竞争态势比较分析. 图书情报工作,2012 (18).

（1）信息量巨大。

微博具有所需设备操作简单、注册方便、信息发布快速等特点，这使得参与事件讨论的人数体量巨大，众多参与人的最直观的影响是信息量巨大。以"郭美美事件"为例。2011 年 6 月 20 日晚，有网友发现，微博认证身份为"中国红十字会商业总经理"的新浪微博博主"郭美美 Baby"在网上公然炫耀其奢华生活，引起轩然大波，两小时内微博被转发上千条。随着"郭美美事件"的持续发展，中国红十字会成为重点爆料和关注对象，中国红十字会及其多个合作伙伴相继被卷入无法自证清白的尴尬境地，红十字会陷入信任危机。本次事件关注人次过亿，搜索超 800 万次，超越以往任何娱乐事件。

（2）信息发布及时、迅速。

微博依靠移动设备端就可以完成信息的发布。随着我国互联网基础设施建设的不断完善和网络通信技术的改进，用户几乎在任何时间、任何地点可以将自己所了解的事件情况发布到微博舆论广场上。以 2011 年温州动车事故为例，7 月 23 日 20 时 27 分，距事故发生前 7 分钟，温州当地居民"@Smm_苗"通过微博发出动车行驶缓慢的消息。事故发生 4 分钟后，D301 次列车的乘客"@袁小芫"通过微博发布出第一条事故消息，称动车紧急停车并停电，有两次强烈的撞击。事故发生 13 分钟后，乘客"@羊圈圈羊"发出第一条求助微博。由此可见，微博的消息发布基本已经做到与事件同步。这样的特征为舆情传播提供了更加实时的事件信息，极大地缩短了事件信息传播的时间，加快了舆情暴发的速度。

（3）发布范围广泛，门槛低，使用人群范围较广。

与传统媒体时代的舆情传播和论坛时期的舆情传播相比较，微博舆情传播呈现出更加多元化和复杂化的特点。原因在于微博的参与人群更加广泛且信息发布审核制度较为滞后。

仍以温州动车事故为例。在对 300 个关于该事故的微博信息源的社会属性进行统计中发现，微博主的认证信息可分成五类：传媒机构、传媒人士、社会知名人士（不包括传媒人士在内）、事故当事人或其亲属、普通民众或群体。其中：传媒机构发布的微博为 67 篇，占总数的 22%；传媒人士发布的微博为 51 篇，占总数的 17%；社会知名人士发布的微博为 77 篇，占总数的 26%；事故当事人或其亲属发布的微博为 20 篇，占总数的 7%；普通民众或群体发布的微博为 85 篇，占总数的 28%①。由此可见，微博舆情传播的参与者不局限于传媒人士和事故当事人，同时也包括普通民众或群体。这种全民性是微博舆情能够得到最大范围传播的保证。

（4）量化话题，榜单制度使得舆情更易被察觉。

微博的一个重要板块就是热搜榜单。其对于每一时刻公众所讨论的重大话题都会以关键词榜单形式呈现，短时间内讨论量剧增的话题还会以"爆"字作为标记。通过热搜榜，用户可以以最快的速度了解到当下大部分人最为关注的事件。这种量化的榜单能够使舆论事件以最简短、最快速的方式为用户所知晓，而不用在网络世界中自行搜索，极大地减少了用户错过参与舆情传播的概率。

三、微信阶段（2013 年至今）

微信自 2011 年诞生以来经历了以下几个重要发展阶段：（1）2011 年微信上线，以渠道优势快速赶超"米聊"等类似的移动应用，腾讯拿到移动互联网"门票"。（2）2012 年 4 月 19 日，微信推出朋友圈功能，在即时通信基础上扩展社交网络功能。（3）2012 年 8 月 23 日，微信公众平台正式上线，自媒体迎来继微博之后的第二春。（4）2013 年 6 月 30 日，正式上线微信群组功能，通过群组分享消息加快信息传播，扩散范围更大，熟人传播提升了用户对信息的认同性。

微信传播的主要优势在于用户活跃度高，基于现实社会的社交网络传播，既具有一定的私密性，又使用户能够在朋友圈晒出自己的看法，达到广播的目的。媒体和个人也可以通过平台开通公众号，所写

---

① 王艺. 对微博舆论场的传播学解构：以"温州动车事故"的微博传播为例. 新闻界，2012（1）.

文章通过审核后即可发表，他人通过关注公众号来阅读文章。

　　通过分析微信信息传播的特征，我们可以发现其具有舆情传播平台的巨大优势。首先，微信注册公众号数量大，大体量的公众号带来的是大量的信息传播和意见传播，公共事件可以通过众多公众号的文章发布为用户所知晓，以巨大的用户量和信息发布量实现舆情传播的第一步。其次，用户在了解到相关信息之后，可以通过微信群组或者朋友圈将意见传播出去并且附带自身的看法，基于人际传播的微信交流会实现一种裂变式的传播效果，点与点之间可以迅速连接起覆盖面极广的信息交流网，同时这种人际传播本身具有可信度高、可接收性强等优势，这种强连接结合弱连接的沟通形式使得信息交流能够打破不同圈层之间的障碍，实现信息的无阻碍流通。

　　以 2015 年 6 月微信上的"人贩子一律死刑"舆情事件为例。6 月 17 日，一则"建议国家改变贩卖儿童的法律条款，拐卖儿童判死刑！买孩子的判无期！"的帖子在微信朋友圈中被刷屏。值得注意的是，此次舆情事件以微信朋友圈的转发行为为主，营运者所设计的"承诺"和"转发"机制，将微信用户作了身份认证和道德评判的绑架。"承诺"即身份认证，如"我是来自北京的承诺者""我是来自湖南的承诺者"；"转发"是道义上的评判，支持人贩子判死刑，一时间迅速占据了道德高地，成为引导用户转发的道义指向，如"是中国人就转""是妈妈就转"，这种表面上看似褒赞，实则隐含着诅咒式的"转发"动员令，绑架了用户的理智评判，助推了舆情的发展①。我们可以注意到的是，微信舆情传播相对来说带有更多的情绪传播以及向他人表明态度的意图，达到了"病毒式"传播效果。而引发舆情的源头受微信私密性保护难以追溯，这就导致舆情的暴发更加隐蔽，为舆情监测和舆情引导带来一定的困难。

---

　　① 雷跃捷，李汇群. 媒体融合时代舆论引导方式变革的新动向：基于微信朋友圈转发"人贩子一律死刑"言论引发的舆情分析. 新闻记者，2015（8）.

第 2 节 移动互联网时代的网络舆情
          传播特征

在新媒体时代，微博、微信基于巨量用户成为舆情暴发和传播的重要平台。这一时期的舆情传播呈现出传播速度快、传播范围广、传播声音嘈杂等特征。

一、微博和微信作为两个重要的舆情传播平台在发生源和传播特点上的差别

微博：全球第 7 家月活跃用户突破 4 亿的社交产品，其中移动端用户占比 93%。

以 2017 年"红黄蓝虐童"舆情为例。2017 年 11 月 22 日晚，有十余名幼儿家长反映北京朝阳区管庄红黄蓝幼儿园的幼儿遭遇老师扎针、喂不明白色药片，并提供孩子身上多个针眼的照片，随后在网络上引起轩然大波，网民纷纷就"虐童"事件发起声讨，形成了一次较大的舆情事件。就其发展过程来看，在舆情的萌芽期，微博平台上只有《人民日报》《环球日报》《新华视点》等十几家主流媒体的认证账号发布了热门微博。从 11 月 24 日到 26 日，微博平台上有关虐童的热门微博显著增加，这三天共产生 203 条，仅 24 日当天就产生了 112 条。在这一过程中网民更多的是表达愤怒的情绪。从 11 月 27 日到 29 日，热门微博总共有 148 条，相比暴发期，微博数量少了许多，情绪中"怒"所占比重也有所下降，"哀"的比重有所上升，可见网民对事件的信任度开始降低[①]。

纵观这一舆情事件的发展过程，首先，主流媒体仍旧拥有较大的

---

① 程粮军，许欢欢. 从社会化媒体看虐童事件舆情演变趋势：以红黄蓝事件为例. 新闻与传播，2018（1）.

话语权。11 月 28 日晚间在北京警方通过主流媒体就该事件发出通告之后，舆情热度有了大幅度消退且网民情绪趋于稳定。原因在于作为微博上的"意见领袖"，主流媒体的身份能够得到更多网民的关注与信任。其次，关于这一事件的舆情是以公开的形式在客户端上传播的，有利于主流媒体通过舆情监测系统及时进行舆论引导。同时，作为一个相对开放而又实行实名认证的网络领域，网民在发表自己的看法时更偏向于理性化和倾向于寻求事件解决结果，而不是一味地发泄情绪。

微信：月活跃用户突破 13 亿，已成为国内最大的移动流量平台之一，占据了国内网民 40.8% 的时间。

以"刘鑫江歌"一事为例。2017 年 11 月 9 日，《新京报》旗下的《局面》栏目首次报道"刘鑫江歌"一事，其在微博平台将对当事人刘鑫及江歌母亲进行的会面专访以 25 段小视频的方式放出，11 月 11 日，微信公众号"东七门"以《刘鑫，江歌带血的馄饨，好不好吃?》为题发送推文，舆情热度上升。随后，更多微信自媒体开始关注此事，陆续发布与刘鑫、江歌相关的文章表达观点，迅速引起广大网民的关注和讨论。最终，以刘鑫、江歌等为关键词的舆情暴发。在舆情传播过程中，微信公众号咪蒙的《刘鑫江歌案：法律可以制裁凶手，但谁来制裁人性?》等情感导向的文章占据了主导位置，得到大量转发。刘鑫的道德问题被自媒体过分渲染，使得大众关注点只在刘鑫身上，而真正的杀人者陈世锋获得了更少面对公众的机会，也即发生了媒介审判对象的偏移①。

据此案例分析我们可得出：首先，微信舆情事件的信息源是主流媒体微博的报道，但其也仅仅是事件源头。微信舆情的引爆点是拥有大量粉丝关注的微信公众号，这些公众号大都以情感为导向，缺乏客观中立的立场。主流媒体在舆情中受发布时间、发布条数以及关注人

---

① 单明君. 微信公号信息传播对微信舆情演变的影响：以刘鑫江歌事件为例. 新媒体研究，2018（12）.

数等限制难以把握主要话语权，在舆情传播中的主动性受到制约。其次，微信相较于微博来说更加偏向于私人化，舆情传播也主要依赖于人际网络群体化传播途径，这就使得微信舆情传播更易情绪化，既容易陷入"回音室效应"中，也缺乏观点辩证的空间。同时，微信舆情传播缺乏量化的指标且难以追溯舆情源头，增加了管理部门舆情监测和舆情引导的难度。

从上述两个舆情案例我们可以看出，作为舆情传播平台，微博和微信在舆情传播的源头、传播途径、传播形态上具有较大的差别。微博的舆情传播大多来源于传统专业媒体的信息发布，暴发会有一定的时间缓冲，舆情更加平稳，受专业媒体的理性化引导更多，传播方式更公开化，传播路径更多基于弱连接人际网络，传播形态上更加松散且容易被引导。而微信的舆情传播源头更多来自微博、自媒体等公众账号，相对于微博来说有一定的滞后性，也正是由于其滞后性因此传播得更快，可以在短时间内达到数以千万人次的传播速度，舆情更容易受到缺乏理性的微信公众号的影响而形成私人化、情绪化的观点表达，传播方式带有一定的封闭性，更多地基于强连接人际网络，同时容易出现极端的舆论偏向。

但是，需要强调的是，在当下的泛传播环境中，某一舆情事件的暴发并不会局限于微信、微博，而是多方联动的结果。因此，综观当下的舆情传播态势，舆情事件往往是在微博或传统专业媒体上完成信息传输，在微信、微博、网络论坛等观点传播平台共同完成舆情的缓冲、暴发和衰退。

二、网络舆情的主要特点与机制研究

随着"两微时代"的到来，网络热点事件的产生与传播机制开始发生改变，移动互联网的舆情传播发展出了新的特点。微博和微信的舆情传播具有主体多元化、内容多样化、负面热点多、不确定性强和舆论影响大等特点，这是由微博和微信的用户群体特性、自身平台特点以及舆论传播环境等多种因素共同决定的。

　　而从传播机制上看，微博和微信都呈现由多中心构成的网格化传播的特点，同时又有着差异性。两者的关系更像是接力传播，微信更多扮演着社会信息后台的角色，酝酿信息、制造社会群体认同和群体归属，而微博则扮演着社会信息前台的角色，发布信息，就像社会大众麦克风①。作为公共空间的微博，往往成为网络热点的孕育平台，多种意见在这一开放性平台上相互交换、冲击、补充，并迅速发散传播，类似于"霓虹灯式"的传播；而作为半公共空间的微信，则凭借其社交属性，将热点事件在熟人圈中进一步传播，从而制造更为广泛深远的影响，形成社交网络圈层式扩散，同时又与以微信公众号为主的自媒体中心化发散式传播相互作用。微博和微信的传播过程往往不是割裂、独立的，而是相辅相成、互相交织，形成一种交叉的传播机制，并在此过程中进一步加快舆情的发酵。

　　在传播特点和传播机制方面，微博和微信的舆情传播有相似重叠之处，也有各自的独特表现。

　　作为移动互联网时代的主要传播平台，微博和微信具有相似的特点。作为各自领域的巨头，它们同样占据近乎垄断的地位，拥有稳定、庞大的用户群体，言论呈现碎片化、个性化的特点，传播范围广、影响力大，热点事件的酝酿与消散同样迅疾。从传播的主体、内容和效果看，微博、微信的舆情传播主要有以下几个特点：

1. 主体多元化

　　网络舆情传播是一个相对开放的过程，任何一个网民都可以参与其中。构成网民这一庞大群体的人员的复杂性，直接导致网络传播本身就具有多元化的特点。这一特点在"两微"传播中得到放大，主要体现在人员多元性、地域多元性和话题多元性三个方面。

　　随着网络通信技术的发展和智能手机的普及，我国手机上网用户已形成了庞大的规模，且移动端用户远超 PC 端用户。青少年和中年

---

① 喻国明，李彪. 社交网络时代的舆情管理. 南京：江苏人民出版社，2015.

群体是手机网民的主力军，他们传播信息的能动性强，在舆情发酵过程中发挥了极大的推动作用。微博和微信在这两个群体中的覆盖度极高。微博成为舆论热点事件主要的传播源头，主要分为个人爆料、媒体官微报道、企业账号播报及政务微博发布消息。个人用户通过微博账号进行爆料或发声依然是舆情事件产生的主流形式，例如北京电影学院学生性侵事件、北京延庆二中学生受辱事件、游客在丽江一餐厅就餐遭殴等维权事件都是个人率先通过微博平台曝光，随后引发舆论。这些网络用户涵盖的行业、地域范围极为广泛，任何一个组织机构和普通公民都拥有自由发言的权利和能力。以往很少有机会在公共事务中发言的普通公民被微博和微信这样的工具赋权，获得舆情参与的通道，公众的言论以及对于舆情的传播成为舆情发展的主要推动力量。可以说，每个拥有微博或微信的用户都可以成为舆情传播的主体和桥梁，人人都有小喇叭、麦克风。从理论上说，微博和微信舆情的参与人数与社交媒体使用人数几乎等同。

同时，微博和微信的开放性打破了空间上的限制，使得不同地域的人们能够参与同一个事件的讨论，舆情的参与主体也就遍布全国各地，同样呈现出多样化的特点。比如山东聊城辱母杀人案、四川泸县中学生死亡事件等区域性事件能够通过微博、微信席卷全国，被全国公众普遍讨论。这种地域界限的消解还体现在更多国际事件进入公众视野，成为舆论关注的热点。

另外，在网络舆论中，公众讨论的话题多种多样，并不局限于特定领域。只要符合某些传播特点，如具有话题性、娱乐性、能够引起公众关切等，任何领域的事件都可能成为爆点，形成下一个舆论旋涡。如杭州"修眉小哥"小吴通过微博传播爆火，仅仅是因为其言论、外形等经过网友恶搞极具娱乐性。

因此，从传播主体来看，微博和微信拥有数以亿计的用户，这些用户各自拥有相对独立的思想，发表言论时自主性相对较强，构成了多元、复杂的言论主体，他们在打破了时空界限的网络平台上就各种议题自由发言，使得微博、微信平台上的舆情传播具有主体多元化、言论多元化的特点。

2. 内容多样化

即时通信技术的发展使得信息传播的形式趋于多样。互联网时代的信息传播已不再局限于单纯的文字，而是以文字、图片、声音、视频等多种形式共同传播，为用户制造丰富多彩的视听内容。微博和微信平台凭借其多样的传播形式和多种外部平台的接入，尤以短小精悍、形式丰富的多样化呈现为主，在舆情传播中具有内容丰富度高、呈现形式多样的特点。

一方面，微博和微信为信息的迅即传播提供了适宜的形式，简要的文字配以 9 张以内的图片，就能够组成适于快速阅读和快速传播的信息。微博和微信平台上的信息传播包括文字、图片、音视频、链接等多种形式。用户可以在微博和微信平台上发布文字、图片、视频内容。这些内容一般较为简短。微博有字数限制，而网民在微信上所发文字一般都在 200 字以内，并配以图片，有时以长图形式传播文字内容，视觉上简洁明了；小视频则多在 3 分钟以内。这些内容共同构成情感色彩浓厚、信息量较少的实时信息，它们所需要的浏览时长短，便于转发。

另一方面，微博和微信也为深度信息提供了生存空间。在微博和微信中，用户还可以通过发布长文章来传播深度信息，微博中表现为头条文章，微信中表现为通过公众号平台发布的图文。除此之外，外部平台的接入也为微博和微信提供了更为丰富的内容形式，用户可以将大多数第三方平台的文章、视频、链接等极为方便地分享到微博和微信，将外部内容池注入微博和微信的信息海洋，进一步丰富了微博和微信平台上的内容。

短小即时的碎片化信息和相对较长的深度信息在微博和微信上都能够以合适的形式和方式传播，这进一步增强了微博和微信平台的舆情传播能力，舆情事件往往通过短小信息的扩散迅速引爆，获知事件信息的人们又通过进一步阅读，获取事件的深层信息。以 2017 年 3 月 "于欢案" 在微信上的传播为例。《南方周末》在其微信公众号发布记者王瑞锋采写的《刺死辱母者》一文后，文章迅速刷屏，各大舆论平台呈暴发态势，火速蔓延到整个网络，"辱母杀人案"瞬间成为舆论热点，舆情弥漫整个网络。从信息传播形态来看，既有传统的文字报道、图片、漫画，也有新型的音视频、VR、CR、H5 等融媒体报道立体呈现①。这些传播形式通常能够起到相互配合、相互补充的作用，为用户提供类似"剥洋葱"的由浅入深的阅读体验：首先通过文字和图片快速了解事件的基本信息，再通过音视频等获知更多事件细节，最后通过 VR 等事件特写进行深入了解。

在这样的过程中，用户可以在任何一个阶段自由选择停止阅读或继续深入了解，也可以根据自身情况选择偏好的内容形式。最终，用户通过这些丰富多样的内容获得了更为全面充实的细节，同时，多样化的内容形式也增强了舆情事件的传播。

3. 负面热点多

在微博和微信平台的舆情传播过程中，人们与生俱来的猎奇心理和资讯的传播特点，共同决定了负面性信息更容易成为传播热点，演变成舆情事件，且具有更大的影响力。带有负面标签的突发性事件信息往往能够戳中网民的传播痛点。因此，微博和微信的舆情传播，具有负面热点多的特点。

从舆情事件数量上看，娱乐、生活、社会等新闻是网络舆情传播的主要类型。其中，社会类新闻等多涌现热点事件。公共政策、社会问题（如哈尔滨"天价鱼"事件）、法制案件（如魏则西事件、雷洋案、和颐酒店遇袭事件）、教育医疗（如山东问题疫苗、河南女孩被顶替上大学）等方面的负面事件都是网络舆情的易燃点，往往在短时间内引发热议，且讨论范围广、持续时间长。人们天然地关注不公、冲突、犯罪、谣言等负面信息，在此过程中容易产生忧患感和愤慨，因此这些事件在传播初期就具备吸引眼球的要素。而在传播过程中，

① 张红光. 新媒体环境下网络舆情传播特点规律及其应对. 新闻世界，2017（7）.

围绕这些事件，又极易发展出争论、谴责等情绪化表达，从而进一步产生大范围的扩散和讨论。

娱乐类事件也容易成为爆点，尤其是娱乐圈丑闻。这类事件因其当事人的自带流量属性，往往容易催生"全民八卦"，如名人离婚案，人们乐此不疲地讨论当事人的对错，表达自己的意见或是对某一方进行攻击。娱乐类事件的传播符合大众猎奇心理，且参与讨论的门槛低，从而成为另一个热点领域。

这些热点事件与负面标签结合，极易引爆舆论传播。负面新闻或带有负面标签的信息，形成了大部分网络舆情传播的热点，造就了微博和微信网络舆情传播中负面热点多的特点。

4. 不确定性强

在微博和微信的舆情传播过程中，关于某个事件的舆论走向往往存在很大的不确定性，舆情传播的方向、激发的社会讨论、引发的次生舆情、引起的特定群体反馈等，都受到多种因素影响，且这种舆论走向发生的即时性和突发性强，很难提前作出判断。微博和微信舆情传播的不确定性主要是由以下两个方面的原因造成的：

其一，微博和微信自身网络化人际传播模式决定了其传播带有很大的随机性。微博和微信分别依赖于弱关系网络和强关系网络的传播，无论是哪种关系网络，都由网格状的人际关系网络组成。在这种网格状传播模式中，传统的单项线性传播模式被颠覆，以新闻媒体、政府机构为代表的传统传播主体失去了对舆论设置的权威控制，和以往只能被动接收信息的大众处在了同一平面。传统的议程设置者和舆论引导者与个人用户一同构成了网状传播结构上的节点，形成"多中心"或者说"去中心"的传播新秩序。网络事件一旦触发舆论热点，舆情就会从一个点沿多线程、多渠道进行"病毒式"扩散，同时，这一扩散网络中的每一个节点都具有极强的自主性和随机性，在这种情况下，传播者对信息和舆论的控制减弱，一旦信息被发布出去，其在这个网状结构中的流动路径就不再可控，而在网状结构中，信息的流动方向也无法预测。最终，这一舆论事件会激起怎样的讨论、导致怎样的结果，都是充满不确定性的。在微博和微信平台上引爆的舆论热点，往往存在多次逆转，通常引发超出预料的影响或完全意想不到的结果。一张不被重视的照片、一段随手发布的视频，都可能成为一场舆论风波的源头。

其二，舆情走向的影响因素复杂多样，难以预测。在影响舆情走向的各种因素中，既存在历史惯性和社会深层心理的因素，也有事件、涉事主体、时间节点、利益相关方反应等多方面影响因素。微博和微信平台的多元主体和去中心化表达，使得各种因素错综复杂，各种因素作用于事件，难以分析其会产生怎样的合力。就舆论中的个体而言，其每一次发言、关注、转发等都是单纯的行为，但当所有节点的行为汇聚到一起，就会形成"滚雪球"式的传播效果，极易形成利益诉求、道德声讨甚至情绪宣泄，进一步加剧舆论走向的不确定性。在这种情况下，涉事主体或政府部门的舆论控制和引导是颇为无力的。

因此，微博和微信平台的舆情传播具有极高的不确定性，热点事件的发酵传播往往伴随着多次反转和意想不到的次生舆情，难以在事件初期进行有效的预测，也很难实现强有力的舆论控制和引导。

5. 舆论影响大

相较于传统媒介时期，互联网时代的网络舆情传播具有时效性强、覆盖率高等优势，往往具有更大的影响力。微博和微信所代表的社交网络平台在网络舆情传播中具有极强的影响力，这在一定程度上是由其平台属性决定的。美国社会学家格兰诺维特认为，人际关系网络可以分为个人社会网络同质性的强关系网络和社会网络异质性的弱关系网络，微博和微信的传播形式恰恰分别对应了这两种关系网络。微博类似于开放的意见广场，互为陌生人的听众在这个广场聚集，同时从传播者处接收到信息；当他们将信息转播出去以后，又形成了一个类似的陌生人广场。在这个意见场中，接收信息、传播信息、发表观点的人们相互之间可能并不熟识，而是依靠对同一事件的观点聚集在一起。而在微信中，由熟人关系链形成的传播则更像是朋友间的聚会聊天，通过人际关系扩散信息，这种信息的传播更为私密，同时信息的接受度也会更高。微博的弱关系网络和微信的强关系网络通过两者的交叉传播模式相互补充，舆情热点的信息并不是在一个平台封闭传播，而是通过用户在两个平台相互渗透、相互扩散，从而形成强有力的覆盖，扩大舆论的影响力。

微博和微信的舆论传播所具有的强影响力，主要体现在传播速度、传播范围和传播效果三个方面。

首先，微博和微信平台上的信息传播速度快，事件发生后，能够在较短的时间内迅速刷遍移动社交网，一旦形成转发热潮，传播速度就会呈几何级增加。在微博传播中，用户的转发使得热点事件如同投掷石头后的水波一样迅速扩散。而在微信中，则通过熟人链条进行传播，形成"病毒式"裂变传播的态势。

其次，微博和微信平台的传播范围广，往往使具有传播特质的舆情事件从地方性事件上升为全国性事件，部分舆情甚至跨越国境，引发国际关注。微博往往充当舆情热点的源头，孕育出一个又一个刷屏事件。微博类似于"广场"，在广场中心发出的广播能够同时被数量极大的听众接收。微信一方面以公众号为主的中心式传播触达个人，一旦热点事件发生，众多公众号"蹭热点"，不断创造出"十万＋"，个人达到率更高，影响效果也更好；另一方面，朋友圈的转发则基于熟人圈的传播网络，热点事件通过不断转发扩散，产生"病毒式"传播。

最后，从传播结果上看，微博和微信平台的舆情传播引发的较大关注和反响，往往引起有关部门的回应，并采取相应的措施进行辟谣、回应和解决。相比传统舆情传播，微博和微信往往推动事件发酵升级，使其引起足够的关注和广泛的讨论，从而一定程度上推动事件的解决。2016 年"北京和颐酒店女生遇袭事件"就是微博首发，其他传播平台很快介入，再加之"名人效应"的推波助澜，短时间刷屏网络，引起社会空前关注，倒逼相关部门重视，加速了问题的解决。

传播速度、传播范围和传播效果三个方面紧密关联，微博和微信对三者的强化作用，使得其平台上网络舆情事件的影响力大大增强，达到前所未有的高度。

第 3 节 "两微"的舆情传播形式：公共空间与半公共空间

"两微"平台在舆情传播过程中呈现主体多元化、内容多样化、负面热点多、不确定性强、舆论影响大等特点，同时又在其中表现出自身特有的属性。在舆情传播形式上，微博和微信的舆情传播都是基于人际关系的网格状传播，但是两者的具体传播形式存在差异，这也使得微博和微信在传播路径和效果上存在一定程度的不同。下文将对微博和微信平台的舆情传播形式作具体分析。

一、微博的舆情传播形式

从微博平台的传播特点来看，微博的舆情传播类似于"广场"传播。"广场"这一概念来自古希腊时期的广场文化，是一个公众自由交流的公共场所，在广场上发生的言论交流具有自由、平等、开放的特点。微博所具有的平台性质使其类似于网络空间中的言论"广场"。微博平台上的言论开放性相对较强，大量的平台用户可自由浏览微博上的内容，还可以通过分类标签选择自己感兴趣的话题，在接收信息的同时，也可以自由发表言论。参与者身处同一个公共空间之中，自由地围聚在自己感兴趣的演讲者身边，随时进行分享扩散，并向下一个兴趣点转移。同时，微博这一虚拟"广场"不存在时间和空间的限制，因此大大提高了信息交流的效率。庞大的参与群体、开放的公共空间和即时的传播速度，共同造就了微博平台上的舆情大潮。

公共空间最早是由政治哲学家汉娜·阿伦特提出，后经哈贝马斯完善和发展的一个政治学概念。按照哈贝马斯的定义，公共空间即公众舆论形成的空间，也叫公共领域。公共空间要求：（1）独立于政权和市场，即免于权力和资本的干涉；（2）有具有独立人格，能够自由、公开、平等地辩论和交流的公众，即有理性批判能力的人；（3）自由和充分的媒介，信息传播要求客观和准确。

从这三点要求来看，微博平台是否能够构成公共空间，是有争议的。首先，微博作为由商业公司运营的社交媒体平台，由市场和资本驱动，其本质是逐利的；同时，考虑到其自身属性和特定的社会环境，政府的监管作用也很明显，因此微博并不能保持独立性。其次，微博平台上的公众常被批评为"乌合之众"，被认为在舆论中无理性地狂欢，缺乏足够的媒介素养。最后，微博上谣言肆虐，信息传播很难称得上客观准确。

但是，必须看到，微博毕竟改变了传统的传播生态，客观上提供了相对开放和公开的言论平台，使得以往无从揭示、发表、传播的言论有了一定的生存空间。从近年来舆情事件的传播情况看，也出现了越来越多理性思考的声音，并在很多事件中起到引导作用。因此，虽然微博平台无法完全符合公共空间的三个要求，但仍然可以构成一个"不完美"的网络言论公共空间，可以从一定程度上作为公共空间进行讨论。

具体来看，作为准公共空间的微博，其舆情传播具有从个人到他者、从中心到外围、霓虹灯式传播的特点。

1. 个人-他者

首先，需要明确微博平台上用户的身份。微博上的用户不再仅仅是传统意义上的传播"受众"，而是具备接收信息、发布信息、传播信息等多种功能的"信息处理节点"。每一个用户都能动地对信息作出处理，形成了独立的传播中心。因此，微博平台中的舆情传播形态是弥散的，每一个个体都是一个"个人媒体"，他们相互联结，交织成传播网络。舆情从个人到他者的传播，构成了微博传播的主要的微观呈现形式。

在个人-他者的传播形式中，人际传播与个人用户的个性化表达构成了舆情传播的基础，从而为微博平台的舆情传播带来了以下三个特质：

第一，传播介质个人化。在微博平台上，个人用户的角色从"受众"转变为"信息处理节点"，在舆情事件中成为媒体介质，发挥着将信息向外传播的功能。当舆情事件发生时，每一个个人都可能成为舆情事件传播中的信息源头或信息中介，传播的介质不再依赖于传统的信息生产者和媒介路径，而更为多元、随机。以北京女孩和颐酒店遇袭事件为例，事件的当事人直接以个人身份在微博上发布消息，引发关注。随后，更多的个人用户在看到微博消息后进行了评论、转发等，从而扩大了事件的传播，引起了更大范围的舆论关注和讨论。在此之后，媒体机构等其他主体才参与到舆情传播当中。可以说，微博平台的舆情传播是基于个人的传播，因此带有更为鲜明的个人化色彩。

第二，个人化的信息表达。在微博平台上，充当媒体介质的个人用户在舆情传播过程中向其他个人或社会呼吁，表达自我。个人主体构成舆情事件的传播介质，这决定了舆情传播过程中的信息表达更为个人化。个人用户在舆情事件中的传播动机常常基于个人需要，这种个人需要包括利益诉求、价值认同、自我表达等，带有更为强烈的个人立场。

第三，围绕个人的围观效应。当个人用户作为"信息处理节点"在微博平台的舆情传播中发挥作用，并积极表达自我诉求和观点意见时，很容易与"他者"形成双向互动式的传播链条。个人-他者的传播形式中，个人表达容易与他者的关注相结合，形成围观效应。这种围观效应由个人和他者两个方面的因素共同促进。首先，微博平台上的个人是容易接近的，当围观者捕获一条感兴趣的言论或信息时，能够很方便地评论、转发甚至私信，从而与其建立起互动联系。其次，围观者能够通过查看发布者简介、翻阅其个人主页等方式迅速形成对发布者的了解，建立起对发布者个人的印象，这在一定程度上契合了围观者的好奇心和猎奇心理。例如，舆情事件发生后，经常出现大量网民涌入当事人微博主页的现象，他们在当事人发布的微博下进行评论，并查看其以往发布的微博内容，从中挖掘其发表过的言论。微博平台上的围观者不仅对舆情事件，还对事件当事人进行"围观"。

2. 中心-外围

基于中心-外围的传播形式，微博平台上的舆情传播在宏观上呈现出以"意见领袖"为中心的集群式传播形态。微博"大V"、"意见领袖"等成为舆情传播的中心，聚集在他们身边的粉丝形成了传播圈层的外围。"意见领袖"从中心通过粉丝圈传播个人意见，成为舆论场形成的关键节点。

"意见领袖"这一概念最早由拉扎斯菲尔德在《人民的选择》一书中提出。根据拉扎斯菲尔德的定义，"意见领袖"指那些"接触了大量的竞选信息的人，而那些媒介接触度、知识水平和兴趣度较低的人，则会从意见领袖这里获得信息和建议"。从中可以概括出"意见领袖"的三个标准：（1）能够获取大量信息，且这些信息难以在其他人那里获取；（2）能够吸引那些媒介接触度、知识水平和兴趣度较低的人；（3）能够为这些人提供信息和建议。

参照这三个标准可以对微博平台上的"意见领袖"进行界定，微博"意见领袖"应该符合以下标准：在微博平台上的传播活动中表现活跃，具有较大的影响力；拥有一定规模、基础稳定的粉丝；积极传递信息和观点，并能够得到广泛认同。

以"意见领袖"为中心向外围传播的圈层式传播形式，在一定程度上建构了微博舆情言论生态，在传播过程中既有积极作用，也有消极影响。微博"意见领袖"通常在舆情传播中起到推动作用，由于拥有数量较大的粉丝，他们的发言往往在舆论发酵过程中发挥催化剂的作用。经由"意见领袖"的加速推动，舆情事件从这一中心迅速扩散到外围的粉丝层，形成大范围的圈层式传播。同时，在这一过程中，"意见领袖"的个人观点能够对舆论事件的讨论起到促进作用，并对舆论走向产生一定的影响和引导。

在这种中心-外围的传播形式中，作为中心的微博"意见领袖"能够对舆情传播起到一定的正面的作用。"意见领袖"通常是某一领域的专家或受教育程度较高的知识分子，他们专业性较强的发言通常能够引导外围用户，引导舆论走向。同时，他们客观、冷静的呼吁能够冷却过于狂热的情绪，促使真相的披露和事件的解决，使舆论趋于稳定。

但是，微博"意见领袖"也会产生消极影响。微博平台中的"意见领袖"数量众多，质量也良莠不齐，且当前微博"意见领袖"发展情况呈现出"强者愈强，弱者愈弱"的马太效应[①]。在流量至上的商业驱动之下，部分"意见领袖"运用煽情、怂恿的言论博取眼球，吸引粉丝，在热点事件中利用互联网用户情绪化的特征为自己赚取流量。这些煽动性和误导性的言论使得舆论走向情绪宣泄的狂潮，脱离对事件本身的关注和冷静的思考。

综上所述，中心-外围的传播形式在舆情传播中具有强大的影响力，但这种传播的影响力会对舆论产生何种影响，又会在事件的解决中起到何种作用，则取决于中心"意见领袖"的素养、外围粉丝群体的认知，以及中心与外围的互动关系。

3. 霓虹灯式传播

由个人-他者和中心-外围的传播形式所构建的微博舆情传播，呈现出一种类似于霓虹灯的传播形态。以个人用户为"信息处理节点"，拥有相似业务、人际圈、背景或相同趣缘的个人和群体相互关注，对网络上的特定话题相互转发、评论，引发社会关注，并围绕各个中心的"意见领袖"形成圈层。由此，微博的舆情传播在以下几个方面呈现出类似霓虹灯的特点，形成独特的霓虹灯式传播：

第一，类似于霓虹灯温度低的特点，微博上的舆情燃爆点较低。微博平台的信息传播门槛低，舆论扩散时间快。个人-他者传播形式

---

① 刘媛媛，张璇. 新媒介时代微博意见领袖研究. 新闻界，2016（20）：63-68.

中个体媒介的人际网络传播，连同中心-外围传播形式中的大众化圈层扩散，使得微博舆情事件能够被迅速放大，引发众多用户的关注，从而迅速形成舆论热点。因此，微博平台上的舆论热点一旦形成，舆论声势就能迅速扩大。这就使得在微博舆情传播中，舆情事件不需要较多前期预热，就能很容易地被引爆，正如霓虹灯无需高温，就能发出炫目的灯光。

第二，类似于霓虹灯能耗低的特点，微博舆情传播的成本小。微博舆情的传播成本低廉体现在技术成本低和时间成本低两个方面。从技术上说，只要拥有一部可以上网的手机，人人都可以便捷地使用微博传播信息，因此，参与微博舆情传播的用户覆盖范围广、层次多。从时间上说，微博的字数和图片限制使得一条微博的编辑成本极低，且平台上碎片化信息占多数，就单条信息来说，无论是撰写、阅读还是转发，都无须占用用户太多时间，因此微博舆情传播能够吸引足够多的用户参与。微博舆情传播的成本很低，正如低能耗的霓虹灯。

第三，微博舆情传播的话题多样，可迅速兴起，并引发更多相关话题，像霓虹灯一样五彩缤纷、充满动感。在微博这一广阔的平台上，各类话题层出不穷，各种事件都可能成为下一个舆情热点。同时，围绕同一个舆情事件，也可以从各种角度延伸出各种话题。因此，微博的舆情热点总能戳中用户的兴趣点，不同背景、爱好、层次的用户都能够在同一事件中找到参与点和讨论点。微博舆情传播中丰富多样的话题涵盖各种领域，正如色彩多样的霓虹灯光。

二、微信的舆情传播形式

微信的兴起和发展，不仅仅提供了一种新的社交和传播方式，更是渗透到人们日常生活的方方面面，彻底改变了人际交往和信息传播的生态环境。作为即时通信软件，微信的舆情传播本质是基于强关系和人际交往的社交传播，是一种依赖人脉关系的传播模式。因此，相较于微博，微信的私人性大于公开性，在舆论传播方面提供了一个半公共空间。

微信的信息传播表现方式丰富多样，在舆情传播过程中，为不同的传播场景提供了不同表现形态。具体有以下几种途径：（1）公众号图文发布。这是微信平台上最为常见、最容易传播的表现形态，具有信息容量大、编辑自由度高、转发方便等优势。（2）微信小视频和手机长视频。这种表现形态常见于微信朋友圈和微信群组，能够提供丰富的视听信息。（3）锤子便签等外部长截图工具。长截图的形式便于阅读和转发，且能够绕开微信对敏感信息的屏蔽，在某些事件的舆情传播扩散中发挥重要作用。（4）微信文件传输。这种表现形式较少用于舆情信息的大范围扩散，但多被用于传输一些敏感的长篇内容。

灵活结合这些多样化的传播表现形态，可将微信的舆情传播方式大致分为三种：个人与个人的聊天对话、个人在朋友圈的信息传播和微信公众号的传播。在这三种方式中，公开性与私密性相互混杂，体现出微信舆情传播的独有特点。

一方面，微信的舆情信息传播具有一定的公开性。例如，微信公众号的信息传播是一种点对面的传播，向所有订阅者公开，且阅读者可以通过评论等方式参与讨论；用户在朋友圈发表的言论带有一定的公开性质，发送出去的那一刻，就等于默认其信息能够被朋友圈中的人阅读和传播；某些在微信群组中发布的言论也带有公开宣言、期望被传播的性质。另一方面，相较于公开性，微信舆情传播同样带有更强的私人化和社交化属性。例如，微信公众号的消息只能发送给订阅者，用户通过公众号后台，又可以和公众号运营者进行私密的互动；公众号文章下的评论互动性和讨论性有限；朋友圈的信息只对微信好友开放；等等。

基于这种公开性与私密性并存的信息传播特点，微信的舆情传播呈现出以下几种形态：

1. 社交网络圈层式扩散

微信用户通过朋友圈进行信息发布，并通过好友转发的方式在社交网络中传播，形成基于社交关系的圈层式扩散。这种言论传播形式的形成，取决于朋友圈自身的特性。每个用户都以自己为中心建立起向外扩散的社交关系圈，越靠近圈子外围的人，与中心的关系就越弱。朋友圈囊括了用户的大部分熟人，从家人、密友，到小区保安、小卖店老板，其组成大致与用户的社交关系圈相同。用户在朋友圈发布信息，相当于对自己的社交关系圈进行广播，理论上来说，圈子中的每一个人都会接收到信息。通过点赞和评论功能，接收到信息的用户可以迅速对信息表达态度，或是在评论区发表意见、展开讨论。

微信朋友圈的性质是一种半公开的言论空间，微信用户在朋友圈分享的信息，是一种默认公开的信息。当用户将信息发布出去的那一刻，就默认了每一个看到该信息的人都可以进行转发。由此，信息得以从一个用户的社交关系圈向外流动，通过朋友圈的分享使得信息从熟人圈进入半熟人圈和陌生人圈，在 N 度空间中渐次传递。人际关系研究中著名的"六度分离理论"表明，人际关系网络的延展能够覆盖极为广泛的范围。基于此，通过这种跨社交圈的传递，舆情事件的信息能够迅速触达数量庞大的人群。同时，在舆情信息传播的过程中，转发者可能会删除一些文字，或是发表自己的意见、进行信息的补充等，从而形成信息在传播过程中的衰减或增补。

社交网络圈层式扩散的舆情传播形式以社交关系圈的重叠为传播动力，能够使信息实现涟漪状的迅速、广泛扩散。且这种信息传播过程以熟人关系为基础，用户不仅仅是机械地扩散信息，还能够随时相互交流，对信息作进一步确认，这使得微信朋友圈舆情传播中的用户信任感强，信息衰变程度相对较低，从而大大提高了传播效率。需要说明的是，这里的信息"确认"并不代表信息在传播中更趋近全面、客观的真相，只是表明了熟人间的一种信源强化效应。实际上，很多时候受到信息传播者、接受者信息渠道限制和其情感倾向等的影响，片面、扭曲的舆论在"确认"过程中会更加强化。

2. 网络群组链条式传播

和朋友圈信息传播一样，微信群组的聊天也是一种基于社交关系圈的点对面传播。微信群组的类型丰富多样。有的微信群组仅由关系亲密的家人、朋友等组成，成员间关系紧密，发言时更为随意，无所顾虑；有的微信群组由工作、学习等特定关系组成，成员间存在某种固定的联系，讨论的主题限于某一方面，随意性较低，有时有一定的保密性要求；有的微信群组成员庞大、关系松散，成员发言时往往不会透露过多个人信息。群组中的成员可能相互认识，也可能是朋友的朋友，或是完全的陌生人。因此，通过微信群组，将不同社交关系圈的个人直接聚在一起，跳过了朋友圈传播的逐层扩散过程，扩大了微信舆情传播的范围。

微信群组通常基于特定的主题，因此聚集起来的人群也多种多样。人们因工作、学习、兴趣、交友、地域、教育经历等种种原因加入同一个微信群组，并在群组中进行信息分享，内容对所有成员完全公开，且不存在强力有效的手段阻止内容的外泄。每一个群组成员都能够随时加入问题的讨论，构成微信群组公开讨论中的多元参与主体。因此，信息能够很便利地从一个微信群组所构成的垂直领域跨界传播到另一个垂直领域。

微信群组之间的舆情传播，首先在群组内部实现了点对面的信息传播，通过信息传递和讨论，实现了信息链条的延长。而微信群组成员将信息外泄，造成信息在群组间的扩散，又实现了信息链条维度的扩展。

3. 自媒体中心化发散

除了上述基于用户社交关系网络的舆情传播形式之外，还有由微信构成的自媒体中心化发散的舆情传播形式。在移动互联网时代，以公众号为代表的社交化资讯阅读方式权重不断攀升，仅次于移动新闻客户端，已超越网站阅读资讯，成为用户的重要选择。微信公众号数量庞大，人人皆可使用，其多元主体化的特点形成了微信舆情传播中的"多中心"主体，使得舆情信息从无数个小型的传播中心向外发散。

微信公众号数量庞大，已成为重要的舆情发源地。山东聊城辱母杀人事件、长春长生疫苗事件等重大舆情事件都源于微信公众号发布的文章。其在传播过程中，呈现出以下两个特点：

一是微信公众号的头部效应日益明显，在数量庞大的公众号中，真正有影响力和高质量持续产出能力的，集中在极少数几百万级甚至更高粉丝数的大公众号。这是因为，持续运营微信公众号所需的成本较高，且在信息多元、竞争激烈的多媒体网络生态中想要脱颖而出，对于公众号内容质量有着较高的要求。

值得注意的是，这些成功的公众号在特定领域的舆论影响力甚至不亚于主流媒体。这些公众号通过长期的运营，打造了立体的人格化形象，以稳定优质的内容取得信任，积累了一批自发关注、长期追踪、信任感高、情感融入度强的粉丝群体，它们的舆情影响力不容小觑。

二是一些粉丝数和关注度没有那么高的、相对较小的公众号，通过特定的事件，可以在短期内迅速吸引大量的注意力，甚至成为舆情热点的源头，一夜爆红。这是因为，在微信舆情传播形式之下，即使公众号的订阅者数量不多，但只要文章契合传播爆点，就容易在朋友圈、微信群组形成"刷屏"之势，通过"病毒式"裂变传播迅速获得大量的舆论关注，引爆舆情热点。引爆马蜂窝造假事件的公众号"小声比比"、自爆锦鲤体质而刷屏朋友圈的"今夜九零后"等都是这类案例。

4. 三种传播形式形成互动闭环

通常情况下，微信平台的舆情信息在实际传播的过程中，并不是某一种形式的孤立传播，而是以上三种传播方式形成的有机互动，在传播中形成闭环，从而产生舆情传播循环激荡的效果。

首先，数量庞大的微信公众号往往成为信息源头，充当撰写、发布文章的角色。作为舆情信息发散中心源头，微信公众号发布信息，而接收信息的用户则能够很方便地将其转发到朋友圈、微信群组，成为社交网络传播的重要信息源。

其次，通过微信朋友圈的社交网络圈层式扩散和微信群组的网络群组链条式传播，原生信息得到迅速扩散，初步积累起用户的关注度和舆论热度。

而在舆情传播过程中，微信朋友圈和微信群组中的公开讨论，又在原生信息的基础上不断衍生出更为深入的观点和评论。这些信息不断分化出次生舆情，其中一部分又被自媒体捕捉，通过筛选、截图、添补，进行进一步整合加工，从而形成新的持续资讯，并带动更多自媒体"蹭热点"。通过这样的往复循环，微信平台的舆情事件热度快速攀升，最终燃爆。

综上所述，社交网络圈层式扩散、网络群组链条式传播和自媒体中心化发散三种舆情传播形式，以及它们之间的互动、循环、激荡，共同构成了微信平台的舆情传播形式。这种传播形式自身固有的特性，使得微信平台的舆情传播具有较强的人际关系依赖，社交性强。一方面，这使得微信平台上的舆情事件传播效率高，信息传播者和接受者对信息具有高度信任感，提升了舆情传播的热度和深度。另一方面，这也造成了微信平台上谣言频发、传播内容窄化等现象，使得微信舆情传播存在固有的缺陷。

第 4 节　网络舆情传播规律的对比研究

随着技术的发展，互联网已经逐渐渗透到社会生活的方方面面，在一定程度上改变了人们的生产和生活方式。特别是进入大数据、移动互联时代，以微信、微博为代表的新兴社交媒体，极大地扩展了人们社会交往的广度，成为互联网舆情传播的重要平台。当下，人人都可以成为一个自媒体，通过文字、图片、视频等多种方式，相对自由、随意地发布个人观点、看法、对事件的评论，宣泄情绪等等，并抱着互联网匿名发布的心态，将信息快速地传播到更广泛的群体当中，容易引起群体的心理共鸣，从而形成一种群体情绪与认知倾向。

新媒体平台为用户提供了更为广阔和自由的言论空间。新媒体的互动性、开放性和匿名化的特征，为舆论的引导增加了难度。当今，新媒体平台的舆论作为新的舆论形式，已成为影响社会实践发展的重要因素。"两微"不可避免地成为影响舆论的重要平台，也逐渐成为学术界研究的热点问题之一，同时也是各级政府部门所关注的焦点问题之一。这两个重要的社交媒体平台在舆情传播方面具有一定的相似之处，也有稍许不同，其各自所特有的传播特征，也为舆论的引导增加了挑战和难度。对于不同平台的舆情传播特点的深入分析，有助于我们针对其不同特点，对舆论进行引导和控制。

一、"两微"舆情传播的相同点

1. 舆情传播的社交属性

社交属性，即以用户为中心所构建的网络社交圈子。互联网将现实生活中的社交转移到网络上，大大缩短了人们之间沟通、信息传递的距离，降低了沟通成本。"社交圈子"是中国社会生活形态的典型关系。当今借助互联网技术，在以微信、微博为代表的社交媒体平台上，将现实生活中的社交圈子转移动到了互联网平台当中。在网络社交方面，微信是以强人际关系为主要社交关系，以个人人际关系为核心，通过强关系和弱关系协同进行信息生产和传递。而微博则以单向关注的弱人际关系为主。但是共同点均是将人与人之间的联系转移到互联网上，将人们连接起来。

根据企鹅智库和中国信息通讯研究院产业与规划研究所 2016 年发布的《"微信"影响力报告》，社交网络已成为除新闻 App 以外的第二大新闻渠道，渗透率超过电脑加电视。以微信为代表的社交平台，成为新媒体传播核心渠道，新闻广度＋新闻过滤成为网民获取新闻的左右手。原有的信息传播架构将被社交媒体消解和重构。

根据马斯洛的需求层次理论，人们在满足生理需求和安全需求之后，会有社交需求。社交需求就是追求情感和归属的需要，满足人与人之间的关系，通过社交获得关注，追求一定的满足感。而社交属性的更高层次需求，是满足信息与价值的分享需要。在网络平台上，用户可将自己的见解发布出去。社交媒体平台改变了舆论传播格局，给网络舆论场带来新的变化。微信比微博有着更为突出的用户黏性，特别是2012年微信公众号平台上线，使公众号成为人们获取信息的重要来源，其与微信朋友圈、群组协同，表现出越来越强大的舆论属性和社会动员能力。微信、微博在公众获取信息、舆论传播上的影响力越来越大。

2. 内容、形式主观性强

无论是在微博还是微信平台，舆论的表达都含有街谈巷议、流行语、民谣、政治段子等元素，相比主流舆论，偏向片段化、情绪化，主观性较强。

在舆论表达的内容上，娱乐化倾向较为明显。网络用户具有匿名性、虚拟性的特征，使得网民对于事件能够轻松、随意地发表自己的看法，同时特别喜欢运用调侃、讽刺、段子化、标签化的风格，表达自己的观点，可以迅速成为网络流行语，进行快速的传播。娱乐化传播，在一定程度上会迅速扩大事件的传播影响力，成为舆情在社交媒体平台上共有的传播特征。

3. 都是谣言传播的主要渠道

"两微"成为谣言高发区，假新闻多由微博首发。微信谣言更难治理。相对于传统媒体对于传播者和接受者的明显划分，以微博和微信为代表的新媒体打破了原有传播者和接受者的界限，使得人人都是信息传播者，人人都是信息接收者，可以对事件发表评论，舆论生成快速且不可控。巴西的一只蝴蝶拍打翅膀能够在美国得克萨斯州产生一场龙卷风。蝴蝶效应也发生在"两微"平台的谣言传播当中。

微博凭借其即时性、草根性、零准入限制等特点，逐渐成为用户获取信息和表达意见的重要工具。微博这一社交媒体平台，使得用户可以随时发表自己的看法，在网络舆情中扮演重要角色。特别是在 2009 年之后，微博在突发公共事件的参与中起到了重要的作用。有调查显示，七成以上的微博用户将微博作为获取新闻的重要平台，而且超过六成用户明确地表示微博上的新闻真实可信。人们通过微博获取信息，其爆发的舆论能量，足以改变公共事件的进度和方向。一条微博内容虽然不能超过 140 字，但是大量的信息进入传播过程中，就会形成强大的舆论磁场。这些看似碎片化的声音，足以对社会舆论造成强大的影响。

而微信是移动互联网社交的代表性产品。艾媒咨询（iiMedia Research）的调查数据显示，微信是中国市场使用最为广泛和普遍的社交媒体。其功能不再局限于即时沟通，已经逐渐扩散到新闻推送、支付交易、游戏等各个领域。微信将人际传播、群体传播和大众传播融为一体，可以使信息的传播更及时，其丰富的沟通方式也增加了信息传播的广度和深度。同时，微信基于熟人圈子的信息传播，使得传播信息的可信度较高，成为当今谣言传播的主要渠道。

2018 年 7 月，中国健康传媒集团发布的《2017 年食品谣言治理报告》显示，微信已经成为传播食品谣言的主平台，小视频成为食品谣言传播的重要形式。2017 年食品谣言传播最多的渠道是微信，占 72％；其次是微博，占 21％。由于微信社交的相对封闭性，微信朋友圈常常成为谣言滋生的"温床"，加之用户自身对谣言的净化能力较弱，导致谣言总是能在熟人圈里广泛扩散。

4. 传播模式决定"两微"信息传播的可信度

微博、微信具有不同的传播模式，使得它们内部关系的强弱也不同，微博属于大众传播模式，其关系属于弱关系，微信则更侧重于群体传播和人际传播，其关系属于强关系，微信的用户黏性比微博强。"两微"的不同传播模式，导致可信度不同，即同样的谣言信息，如果告知受访者其信息来自微博，受访者相信其信息为真的比例为38.5%；而如果告知受访者其信息来自微信，受访者相信其信息为真的比例为66.4%。谣言通过微信传播，比通过微博传播更容易被人相信。

微信谣言更难治理。这与微信的优点和缺点都有很大的关系。

首先是优点方面：第一，微信的传播范围非常广。微信平台主要是手机，现在几乎所有人都有手机，而只要是智能手机，基本上都安装微信。从理论上来讲，谣言通过微信传播能覆盖几亿人。如今手机更像是人的一种器官，甚至比人的某些器官更重要。麦克卢汉在《理解媒介：论人的延伸》中提出一个观点，媒介即人的延伸。有了手机以后这一点更为明显。在新媒体环境下，手机离开用户半个小时，用户都会觉得很不适应。所以微信谣言最难治理的原因之一就在于信息传播实在是太广泛。第二，微信侧重于人际传播和群体传播，具有个人通信自由的特点。点对点发微信，属于人际传播，即使有谣言或者敏感信息，政府部门对其进行监管，会有争议及操作上的难度。任何一个国家对个人通信自由的监管都是充满争议的。虽然微信首发的假新闻数量不多，但因其封闭式传播环境，其自我纠错能力弱，不像微博"广场"易形成不同信息之间的对冲，且"强关系链"之间存在"人""面子"等纠错障碍，辟谣难度大。

其次是缺点方面：微信的第一个不足在于信息量过大，我们称之为信息过载。很多人都发现，微信信息中有价值的信息所占的比重并不高。很多人打开微信的时候，第一件事是删，把无用的东西先删掉。微信的第二个不足是信息安全问题，比如个人隐私保护。随着信息技术的发展，手机 App 可以实时掌握你的位置信息。这些都增大了微信治理的难度。

二、"两微"舆情传播的不同点

1. 微博

（1）微博用户对信息本身的关注是原始出发点，进而在不同用户之间形成弱连接关系网络。

微博具有大众传播的特征，传播内容经过大规模的转发容易在社会上形成一定的舆论压力，从而产生较为强烈的社会效果。

微博的传播结构是以用户为中心原点的放射状扩散。微博用户之间，添加关注后即可以获取对方所发布的信息，而不需要被关注方的认证通过，因而会形成一种不对称的人际关系。微博用户的传播对象主要以陌生受众为主，粉丝之间多为陌生人，生活工作没有过多的交集，微博上的信息传播扩大了个人的社交范围和传播广度。而用户可匿名，能在虚拟身份的掩护下，充分自由地表达自己的想法，并且不考虑后果，容易陷入不理性的情绪当中。

（2）微博是"公共领域"和舆论广场，信息传播具有普遍公开性。

微博上的内容多数以公共性的话题为主，传播信息具有公开性的特点。微博用户主要是因为某话题在短时间内聚集起来，快速形成一个舆论广场，表达自己的观点和情绪，并随着话题结束而散开。这种机动化、"游击性"的特性，为微博的舆论引导增加了难度。

作为公共舆论载体的微博，基本没有进入的限制门槛，用户可在微博平台以匿名的方式随意发布信息，对事件进行评论、转发等等。这导致微博平台上谣言、暴力色情等限制性内容广泛地传播，不利于微博舆论的有序发展，也容易产生诱导犯罪等社会问题。

在新媒体时代，公众舆论会对事件造成较大的影响。在微博大量的粉丝当中，可以对接收到的推送信息进行转发、评论或点赞，从而信息将快速地扩散到新的社交网络当中，传播给更广泛的用户。药家鑫事件在网络上引起社会激愤，从而影响到判决进展；郭美美事件也引发了公众对于慈善组织的质疑；等等。

网络舆论无法依赖"自我净化"而走向良性循环，比如，很多相同的谣言可在数年之内在不同平台、群组中反复传播，往复不绝，增加了社会损失和治理成本。不过，网络仍有一定的自我更正能力，这体现为舆论发展中往往出现多次"反转"，有利于更全面的信息获取和多种观点的碰撞。例如，2018年10月28日，重庆万州一辆公交车与一辆小轿车相撞，是公交车在行驶过程中突然越过中心实线，撞击对向正常行驶的小轿车后坠江。这本是一场悲剧，却成了一场荒唐的闹剧，剧情翻转，官媒辟谣。在起初的报道当中，本来中性的事件报道逐渐转化为对于"女司机是马路杀手""逆行女司机穿高跟鞋"等舆论声音。而在微博发布的几小时之后，官方证实小轿车司机并未逆行，使得网络舆论发生一场大反转，立刻达到了微博热度的峰值。网友从指责女司机的舆论当中，迅速转变为"为女司机洗去污名"的舆论当中。

2. 微信

（1）人与人的联结是原始出发点，从一开始就具有强关系色彩。

微信与微博有所不同。微信作为基于手机端的即时通信软件，是以个人人际关系为核心，通过强关系和弱关系两种方式进行信息的生产和传递。微信是以人际传播和群体传播为主的传播类型，更多的是朋友及熟人之间点对点的信息沟通、分享，其主要的传播对象以熟人圈子为主，即包括现实生活当中的亲戚、朋友、同学、同事等相互关注的关系，并且沟通方式主要以点对点为主。

在微信中，信息的传播方式主要有好友间的传播、朋友圈传播、微信公众号推送信息等。用户可以将信息一对一地转发给自己的好友，在好友之间进行信息的交流、讨论等；微信用户还可以通过朋友圈进行信息内容的分享与发布，通过社交网络向外传播，形成基于社交关系的渐次扩散；或者用户主动关注自己感兴趣的微信公众号，当公众号推送信息时，关注的用户便可以接收到信息，进行信息的传播。无论是哪种微信信息的传播方式，每个用户都是以自身为中心，建立起逐渐向外扩散的社交关系。从中心点向外，越靠近中心点，说明用户之间的关系越近；离中心点越远，则说明用户之间的关系越远。这种基于强人际关系的社交网络，使微信当中传播的内容容易获得较高的信任度，同时得到更加快速和广泛的传播。

（2）信息传播的私密性、半公开性、公开性交融，互动机制更为复杂。

微信在信息传播上具有较好的私密性，并且以个人生活为主，近似私人网络。好友之间一对一地发送信息，不会被其他人看到。而对于有公共价值的信息，会按强关系到弱关系的顺序传播。微信圈子当中存在若干的联结点，使得信息的传播具有一定的选择性和过滤性。不具有传播效应的信息在节点之间的传播量级会逐渐的递减。而对于具有传播效应的舆情信息，朋友圈作为一种半公开的空间，会将信息从一个用户的社交关系圈向外流动，其好友可以评论、点赞或者转发此条信息，将信息扩散到新的社交网络当中。

通过朋友圈分享进行信息传递和表达，更能体现发布者的主观意愿，能反映个人的价值观、态度、政治偏好等特质。随着信息沿着熟人、半熟人、陌生人扩展，在朋友圈和微信群里，由于不同用户立场、身份和掌握的信息不同，舆论在传播中会出现分化、碰撞甚至对立。

经研究发现，用户对于微信和微博平台的信息在信任度方面存在明显差别。用户对微信信息的信任度高于微博信息，微信为 63%、微博为 36.8%。同样的谣言信息，如果告知受访者信息来自微博，受访者相信信息为真的比例为 38.5%；而如果告知受访者信息来自微信，受访者相信信息为真的比例为 66.4%，谣言通过微信传播比通过微博传播更容易被人相信。微信的强关系特点使微信谣言很难治理。

3. 国内"两微"平台舆情的生成与传播机制

影响舆情生成与传播的因素很多，且涉及不同的层次，包括舆情信息在内容层面的特性，政治、经济、社会、文化等宏观环境因素，互联网平台构成的中观技术特点，以及微观主体的心理与行为特征，等等。其中，处于中观层面的互联网平台展现出的技术与信息传播特点，是网络舆情生成传播过程中的重要环节，会影响内容、宏观、微观等其他层面的作用发挥和传导机制。

随着互联网技术的发展和普及，我们已进入"人人都有麦克风，人人都是自媒体"的时代，其已呈现出受众可以即时地、无障碍地发表自己的观点的传播新形态。智能手机的普及，将舆论生成的周期大大缩短。特别是在社交媒体平台所发布的信息，会迅速地被转载到其他的舆论平台当中，让事件在最短的时间内就成为舆论焦点、热点。而且，传播的形式也不再局限于文字报道和描述，已经逐渐扩展到图片、音频、视频等多种方式综合运用的立体呈现。

微博作为一种新兴的自媒体平台，凭借即时性、草根性、零准入限制、强交互性、弱控制性，以及裂变式的传播方式，逐渐成为网民获取信息和表达意见的首选工具。每个用户都有自身所关注的对象，也是别人所关注的对象。在用户信息发布、信息评论以及信息转发时，会引起自己社交关系当中其他的"粉丝"用户的关注，甚至是转发、评论等，将信息扩散到自己的交际圈内，使微博的信息会以指数级裂变的方式传播出去。而在这个传播过程，会在不同的社交圈中循序地扩展和传播，参与的人数不断地增加，使得事件快速地升级为突发事件，成为人们所关注的焦点，从而吸引更多的网民对事件发表评论和看法，在社交媒体平台上表达自己的情绪、意见和态度。微博的舆论便由此形成。

微博的传播具有即时性，即用户随时保持移动在线的状态，在140字以内，发布信息。这打破了传统博客对于传播工具、版面、文字表达的高门槛。微博为人们建立起了无限链接的即时立体传播系统。在微博舆论的生成和传播当中，作为主体的传播者和受众打破了传统媒体的传播方式，由起初的单向传播、双向传播，转化为互动传播。网民的意见表达在舆论生成和传播的过程中由分散化逐渐融合统一。微博舆论的演变过程可以归纳为：个人意见、领袖表态、整合分化、专家引导、分化衰落五个阶段。而微博传播的裂变性打破了传统媒体和门户网站线性的传播方式，形成了链状、环状、树状相结合的传播结构，实现了舆论的裂变式传播，即独有的信息聚合—临界点—信息裂变的传播形式。在一条信息发布后，经过种种联系产生了许多切入点和信息种类，这种裂变式的传播速度和广度极为迅速和广泛。同时，微博的意见表达更具有自主性，把关人的角色被弱化，微博舆情表达具有更大的自由度。

微博是一种特殊网络媒体形式，具有一种特殊的网络舆情形态。微博凭借技术上的优势，在网络舆情的产生过程中起到推波助澜的作用，放大了网络舆情的影响力。微博的参与群体多样，其舆论环境变化多端，但是舆情的生产和传播有一定的基本规律，基本遵循舆论形成、舆论暴发、舆论波峰、舆论缓解、舆论平复，以及舆论再现等几个阶段。

微信是移动互联网代表性产品，已经逐渐改变了人们的交流沟通方式。微信实时传播文字、图片、音频、视频，全方位立体地展示传播内容，具有较好的传播效果。作为即时通信软件，微信舆情传播主要基于强人际关系的社交传播。相比微博，微信为舆论传播提供了一个半公共空间。

微信的信息来源主要是微信公众号的推送，用户可以选择主动关注自己感兴趣的微信公众号，即可接收到该公众号的推送信息。公众号的粉丝看到被推送的信息，如果感兴趣就会点击进入阅读。若对文章有一定的认同、共鸣或者想参与讨论，用户可以将该推文分享给自己的朋友或者转发到朋友圈进行分享，将信息快速地扩散到自己的强关系的熟人圈子当中。当然，受众也可以在微信公众号平台自己注册和开通微信公众号，向自己的关注者推送信息。

第 5 节　社交媒体的舆论特征

一、社交媒体

当今，基于互联网的社交媒体已经成为人们分享生活、见解、观点等信息的工具和平台，特别是以微信和微博为代表的社交媒体，为用户带来新的全方位的体验。社交媒体已不仅仅是朋友、家人之间联系的工具，同时也成为人们了解社会热点、关注新闻、增加知识的重要途径。

在社交媒体内部，主要以长文章、短文字、图片、长视频、短视频等多种形式表达和传递信息。用户可以编辑所发布的信息，并配合图片、视频等多种形式，丰富传播内容。

在社交媒体外部，则主要以长截图工具、图片编辑工具为主。在社交媒体上，运用长截图工具和图片编辑工具，一方面可以避开社交媒体对字数的限制，另一方面还能够有效地躲避社交媒体对敏感词汇、图片和信息的审查。

二、自媒体的兴起

自媒体最早的定义来自美国新闻学会在《自媒体报告》中提出的"We Media"，就是普通市民经过数字科技与全球知识体系相连，提供并分享他们的真实看法、自身新闻的途径。自媒体使用户成为人人都有麦克风的草根媒介，"意见领袖"也逐渐多元化。特别是以微博、微信为代表的自媒体，如今已成为最重要的网上舆论平台。自媒体打破了原有的以传统媒体为代表的单向传播模式，以社会化网络传播、非线性离散传播，快速地将信息舆论瞬间爆炸式地传播和扩散，引发的舆论对社会带来了一定的挑战性。加强自媒体网络信息安全和舆论控制的研究是一项重要课题。2013 年国务院发布《关于进一步加强政府信息公开回应社会关切提升政府公信力的意见》，要求各地区积极探索利用政务微博及时发布权威政务信息，建设基于新媒体的政务信息发布与公众互动交流新渠道。

自媒体导致社交封闭圈子向舆论广场舞台演进。自媒体平台所发布的信息，不再局限于封闭的社交圈子，而信息的传递无边界，不再局限于时间和空间，形成用户自己生产信息、自己传播信息的新的传播机制。

社会心理学中所提到的"广场效应"，就是一种无意识下的大众心理现象，主要是指人们经常在人群聚集的公共场所表现出与日常生活不相同甚至相反的言行。互联网用户匿名化的特点，使得用户可以随意发布自己的观点，特别是在"广场效应"下，认为可以对自身的言论不负责，经常在信息的真伪并未确定的情况下，盲目地跟风转发、评论，造成不良的社会舆论影响。

自媒体需要流量和点击量，善于制造"标题党"，通过舆情制造"10 万＋"。自媒体为了获得更好的传播广度，增加流量和点击量，为了更好地迎合大众品味，会过度地追求信息的娱乐化，或者运用极具煽情的标题，吸引大众关注，在朋友圈引发疯狂的转发。一些自媒体甚至为了追求"10 万＋"的阅读量，不惜制造恐慌来骗取点击量。特别是以微信、微博为代表的自媒体，传播形式多样，且操作方便快捷，非常容易实现裂变式的传播效果。

标题在很大程度上决定了用户是否会从海量信息中选择其来点击阅读，因此自媒体都会关注标题的表述，通过噱头、标签化、话语陷阱来吸引用户点击进入阅读。但是很多时候，自媒体发布的内容与文字标题表述不符，甚至配有极度夸大或者错误信息的标题，消费公众的情绪，久而久之降低了用户对自媒体的信任度。

三、社交平台的发展推动网络舆论的喧嚣

1. 社交媒体的发展使得信息传播链缩短

社交网站的建立理念基于六度分隔理论。1967 年，哈佛大学心

理学教授斯坦利·米尔格拉姆通过连锁信件实验，证实了六度空间理论猜想，即平均只需要五个中间人，就可以让任何两个互不相识的美国人联系起来。而近年的实证研究表明，社交网络的出现，已经使网上的信息传递从六度缩短到四度甚至更少。1997 年，纽约的网站六度空间（sixdegree.com）在真名网络交友服务方面取得重大突破。六度空间采用真实身份来确认和映射人们在现实生活中的真实关系。该网站有两个主要的功能："与我连通"（connect me），即输入某人的名字，就会通过网络空间将已有的用户和你建立起联系；"将我加入"（network me），可以寻找特定性格的人，系统会通过你所选择的要求来识别你属于哪一类人。1999 年，六度空间网站达到 100 万用户，并以 1.25 亿美元被收购。

1997—2001 年，出现了社交网络发展的第一次浪潮。社交网站在 2001 年之后得到大规模的拓展式的发展。社交网站上的人际关系已经远远不止"熟人的熟人"层面。社交网站可以根据相同的话题、爱好、经历等将用户聚合在一起。

2. 社交关系经历了从熟人社交、弱关系社交（半熟人社交）、陌生人社交到主动搜索的过程

最早的互联网社交主要以熟人社交为主，将现实中的家人、朋友关系圈移动到社交网络。而随着社交媒体的发展，社交关系不再局限于熟人，已逐渐扩展到半熟人，甚至是陌生人中。社交网络的出现，模糊了"物理实在"与"虚拟实在"之间的界限。社交网站通过兴趣、行为等特点，使陌生人也可以相互联络。

3. 社交媒体的负面舆情感知度最大，呈现"社交热-冷-次生舆情热-冷"的周期性交叠

近些年来，热点舆情事件首先是在社交媒体上被爆料，并且快速地发酵，随后各大媒体进行跟进报道，达到舆论的高峰，特别是在重大突发事件的处置过程中，还会伴随着次生舆情的出现，具有强大的

压力，为引导公众舆论带来挑战。在社交媒体中，网民很容易受到情绪化的影响，迅速地将不满、愤怒等情绪传播出去。而有时候，网民并不会真正关心事件的真实情况，而会被带入情绪化当中，盲目跟风，产生负面影响。随着事件的解决，负面舆情得到控制，但是可能随之出现次生舆情，即在舆情发展过程中出现新的刺激性因素，从而引发对当事主体或其他主体的新的舆情事件。次生舆情往往以负面舆情居多，且大多指向对事件的处理，包括对舆情的回应、真相的发布、沟通的技巧等等。

4. 社交媒体传播信息呈现碎片化特征

如今微博在浓缩信息内容的同时，增加了信息的数量。数量的增加也让信息变得更加多样化和碎片化。（1）碎片化传播限制了某些复杂和有深度的内容的传播。碎片化传播使得"意见领袖"的声音容易被淹没在海量的信息当中，而社交媒体用户在发布信息时很少深思熟虑，使得信息的表达会更加随意，导致用户的表达缺乏节制。这些限制了一些复杂和有深度的内容的传播。（2）碎片化传播导致各类大小社会事件都有可能成为传播的对象。网民的媒介话语权越来越大，能引发舆论旋涡，从而引起传统媒体的关注，甚至影响政府部门的日常工作等等。网民的很多言论具有一定的影响力，能够引领舆论。特别是在社交媒体平台，大量用户发布信息，草根人物也会在舆论中大有作为，导致各类大小的社会事件都有可能在社交媒体平台成为被传播的对象。此类信息会被大量地转发，引起强烈的反响，甚至成为传统新闻媒体的线索，引起关注。（3）碎片化传播容易引起大众话语的狂欢、情绪化的发泄、盲目的转发。人的理性要求处理问题时按照事物发展的规律来考虑问题，处理事情不冲动，做事情不凭感觉。在现实社会中，人是理性与非理性的结合体，在社交媒体的碎片化传播过程中，容易情绪化，出现煽动性和破坏性大、误导性强等问题，部分网民会出现表达随便、不够文明，甚至言语攻击的情况，盲目地转发和评论。

第 4 章 ···

中国互联网治理重心：网络舆情治理

4

中国互联网治理重心：
网络舆情治理

互联网技术的发展使得如微信、微博等社交平台不断涌现，信息传播的模式随之改变，从过去的"礼堂式"演变为现在的"集市式"。每一个互联网用户拥有了自己的麦克风，他们不再只是信息的接收者，也成为信息的发布者，甚至会演变为"意见领袖"或是舆论的中心点。网络舆论具有主体多元化、内容复杂化、信息碎片化、传播渠道多样化、传播速度即时化、传播范围广泛化等多种特点。这不仅仅改变了传统舆论表达和舆论治理的空间、渠道，而且也形成了一种新的舆论表达和舆论治理模式。

第 1 节　网络平台舆论治理的讨论

一、网络平台的舆论发展模式

网络平台的舆论发展模式是动态的，与传统的模式有着很大的不同。它是通过互联网表达和传播的各种不同情绪、态度和意见交错的总和，它的主体更加多元化、内容更加多样、负面热点也更多，具有极大的不确定性。深刻理解网络舆情和把握其演化规律是有效治理网络舆情的前提和关键。概括而言，网络平台上的舆论发展模式主要有以下几种：

1. 历史激活型

历史激活，顾名思义就是说已经发生过的热点或具有话题争议性的事件重新出现，引发网络平台上网民们的讨论，从而形成新的舆情。

一般而言，历史激活可以细分为两种类型，一种是旧事件又出现，如"有人用针扎人传播艾滋病"这一子虚乌有的事件从最开始的短信相互转发，到如今的微博转载，微信转发朋友圈，一直反反复复，每隔一两年就能再次"复生"制造恐慌氛围。而真正让这些谣言不断扩大的正是一些不负责任的微信公众号撰写的子虚乌有的文章。

另一种是新出现的事件激活了某些旧热点事件。导致网民用集体记忆开始挖掘相类似的事件，从而催化情绪。如前些年，但凡出现老人摔倒不扶的事件，总能让网民将 2006 年南京徐老太摔倒事件即"彭宇案"，重新翻出来炒一盘"回锅肉"；又或者将发生在 2011 年的"小悦悦"事件，即在广东佛山市 2 岁的小悦悦在五金城相继被两车碾压，其间有 18 人路过而视而不见的事情，从记忆的后台推至前台，引发关注。

历史激活型的舆论发展模式，通常会被认为是火上浇油，即在原本就群情激昂的情绪上再加"一把火"，这样一来只会让情况变得更加严重，舆论发展的态势也会更难以控制。

2. 话题衍生型

话题衍生，即一个热点话题随着时间推移和事件的发展，引发出多个话题和多次讨论。话题衍生导致的结果就是舆情的衍生，也就是说原本事件在网络传播的过程中，在信息异化作用下演变而产生新的舆情。正如有学者所描述："原始舆情演变过程中出现信息异化，特别是虚假性、误导性、爆料性信息元素，使得原始网络舆情偏离演变规律，产生衍生舆情，对原始舆情形成'二次影响'，成为支配原始舆情发展的重要力量……"[①]

事实上，网络的虚拟性和开放性本就会让网络舆情反复波动，人们在不断追踪话题的同时，会通过资料搜集、调查分析来挖掘出更多信息，而这些信息很可能都是碎片化的信息，网络用户在辨别信息的时候并不能完全地、考究地确保信息的真实性、契合性，这样产出的新信息也就经常会与原始信息有出入，进而使得话题的焦点发生变化和迁移[②]。而"焦点偏移"有时是有利于舆论发展的，如电影《我不是药神》，因电影取材于真实案例，反映了一部分人的生存现状，

---

① 王慧，兰月新，潘樱心. 基于信息异化动力视角的网络衍生舆情成因研究. 现代情报，2013：33 (7).
② 陈福集，马梅兰. 网络舆情事件的话题演化分析：以成都女司机为例. 情报科学，2016 (5).

激起了观众的共鸣，引发网民热议，但是随着媒体的报道，大家的关注点从最初的电影本身转移到主人公原型人物，再转移到抗癌药业现状与前景，最终转移到改善医疗环境上。每一次焦点偏移其实都使舆情向前推进到一个新的阶段。

3. 平息复起型

平息复起，即某一个舆情事件，已经经历过舆情发展的完整周期，在步入衰退期之后，又由于某一个事件被提及或者是新情况、新细节的出现而重新被网民所关注，再次进入暴发期。这种情形最常见于舆情反转的事件中。舆情反转通常是说用户在获得特定信息后对事件作出相反论定，而用户在各个阶段所表现出的观点也存在着较大的差异[①]。

之所以会出现舆情的反转，一方面是因为舆情议题的转换。网民对事件的判断往往简单粗暴，先入为主的信息、投射自身经历的共情效应，以及简单的情绪等，都很容易影响判断。因此舆情总会伴随着事件的发展而不断引发新的讨论，出现新的高潮。另一方面也是因为舆论对象会出现转移。由于新信息的刺激、用户在平台上的社交互动，导致大家"口诛笔伐"的新目标出现，并成为大家发泄的对象。当然，另一个不容忽视的原因就是媒体良莠不齐的传播环境，在"两微"平台上有太多不具备新闻专业素质、新闻职业素养的用户或组织充当了"新闻机构"，利用不完整的信息进行加工渲染，写出一些夺人眼球的偏激文章，而这些信息总是可以引发大量的用户共鸣，从而生成子虚乌有的新舆情。例如发生在 2017 年 8 月 31 日的陕西榆林产妇坠楼案，事件出现了 9 次反转，网络平台上舆情跌宕起伏，出现了9 次平息和复起。

4. 跨界扩展型

在网络平台形成的针对复杂跨界危机表现出的带有倾向性的网络

---

① 张相涛. 基于传播学的角度看舆论反转的构成因素. 传播与版权，2015 (7).

言论是现实跨界危机的延伸和影射，并对跨界危机的有效治理形成了巨大冲击①。跨界扩展型网络舆论有着典型的不可控和不确定性，这是因为网络空间本身的开放性、即时性大大降低了信息传播的成本，负面的舆情在网络平台上不断复制、粘贴的过程中扩散，而网络用户分布的分散化使得意见分歧十分严重，这就加大了舆论整合的难度。此外，网络主体的多元、信息的多样、传播的自主自发都进一步增加了不确定性。

因此，跨界扩展型的舆论具有更大的危害性。用户在网络平台聚集，在无序的空间中引爆矛盾焦点，从而形成舆论的互动，使具有相同诉求的用户人群，跨越地域、行业、年龄等现实的障碍形成自组织，所讨论热议的话题也从原本单一的议题不断向多元议题进行扩展，这些舆情表面看领域各异，但内在有一些共同的情绪，比如都能引发网民的不公感。舆情的这种扩散对治理结构造成了一定的破坏。

事实上，跨界扩展几乎出现在每一个舆情事件中，这是由网络虚拟空间自身的特点所决定的，也正因如此，网络舆情的治理会比传统舆情的治理更加困难。

二、"两微"平台的动员能力

网络空间进入门槛低，信息传播迅捷，信息的爆炸和聚集为大规模负面情绪宣泄开通了渠道，导致网络舆情具备巨大的能量。互联网这种人人都有麦克风的传播模式给网络平台带来了强大舆论动员能力，也给舆论治理带来了巨大的挑战，传统意义上的议程设置变得非常困难。想要提升网络平台的舆论治理能力，首先要深入理解网络平台的动员能力。

传统意义上的社会动员主要包含两层含义②：第一，社会动员是一个过程，通过它，一连串旧的社会、经济和心理信条全部受到侵蚀

---

① 徐元善，金华. 话语失序与网络舆情治理危机研究：困境与路径. 公共管理与政策评论，2015，4（4）.

② 亨廷顿. 变革社会中的政治秩序. 北京：华夏出版社，1988：261.

或被放弃，人民转而选择新的社会格局和表达方式。第二，调动人们参与经济、政治、社会生活等各方面转型的积极性。微博和微信的社会动员就是通过"两微"这种新型的传播、分享及获取平台进行的社会动员。事实上，这种动员是传统社会动员的新发展形式，但由于它发生在和现实世界相对的虚拟世界中，因而和传统的社会动员有着较大的区别。

在动员主体上，传统的社会动员发起者多为政府或者某些组织，它们运用行政权力或组织自身的威信对作为被动员者的大众或组织成员进行动员，使被动员者按照发起者的意图进行较大规模的社会活动，以达到发起者预期的目的[①]。而"两微"中的社会动员发起者和组织者并不是政府，而是其广大用户。每个人发声的权利都是一样的，这意味着人人都可以成为某一次动员的发起者，不会存在传统社会动员中只有特定人或机构才能发起动员的情况。因此，"两微"上的舆论动员更多表现出"民间"和"非官方"的特点，发起者和组织者的身份也变得模糊化和多元化。

在动员方式上，"两微"的社会动员多为自我动员，即在"两微"用户获取某条信息引起共鸣之后的自发式转发、评论，从而形成由一个点引发的扩散式动员。此外，尽管今天微博和微信均是实名制，但一般是后台实名，前台匿名。即便那些公开身份的"大V"，也会存在"只知其名，不知其人"的情况，即用户知道对方是谁，但仍是"陌生关系"而并非现实中的"熟人"。因此，网络上的动员能否取得预期的效果，和过去固有的关系、身份等联系已经弱化；相反，动员者发布信息能否取得共鸣、能否达到心理上或情感上的认同、能否影响被动员者切身利益开始变得重要。比如，在"随手拍照，解救乞讨儿童"的行动中，用户的转发并不仅仅是因为信息发出者的身份，而是因为"解救乞讨儿童"这一信息本身在用户心中达到了情

---

① 张迎辉. 微博的虚拟社会动员与传统社会动员的区别：以新浪微博"随手拍照解救乞讨儿童"为例. 现代视听，2012（8）.

感认同。

在动员客体上，传统的社会动员的被动员者是以"群众"的身份出现的，每一个个体都是模糊的；而在"两微"平台上的被动员者不再是笼统的、身份模糊的，他们开始变得鲜活，会有自己的特征。同时，"两微"的用户尽管也容易被情绪所感染，但由于在虚拟空间，情境对于他们的影响出现折损，他们也能够更为理性地判别、转发和评论，网络上的社会动员变得更加不可控，更加依赖于每一个"意见领袖"的影响。因此，在"两微"平台上的舆论动员，通常需要采取先影响一批"意见领袖"，再影响其他普通用户的二级或多级传播模式。比如在微博、微信接力转发拯救"面具娃娃"、救助尿毒症少年等微博慈善救助活动中，微博和微信的"意见领袖"在动员中发挥了重要作用，由他们再进行网状扩散，使得大量网友接力转发，积极参与救助，使得这些事件呈现出多元动员方式，在促进现实问题解决、公共治理等方面发挥了较大的作用。

当然，"两微"的舆论动员能力如同互联网本身一样也是一把双刃剑，如果不能很好地利用，也会出现危机。例如 2016 年的魏则西事件，由于事件本身涉及百度搜索引擎，所以互联网上的信息传播遇到了阻碍。但是，在微博和微信这样的社交平台上却是迅猛推进。当最初百度回应涉事医院是一家三甲医院的时候，舆论转而一边倒地抨击民营医疗体系，带有浓厚的泄愤和抗争的色彩。好在此后随着官方的介入和主流媒体的报道，这次舆论动员才最终回归理性。因此，作为政府或主流媒体在自身舆论动员能力的基础上，要学会利用、擅用"两微"的舆论动员能力，从而更好地引导网络平台的舆论方向，不至于让其走入极端。

三、"两微"平台对于舆论的治理

"两微"平台用户的日益庞大，使得各种现实社会的矛盾冲突越来越多地以网络群体事件的方式体现，对社会发展有消极作用的因素也开始越来越多地在线上和线下事件中产生。"两微"平台强大的动员能力，让我们意识到必须积极探索相对有效的方式进行舆论治理。

1. 发挥"意见领袖"的作用

"意见领袖"是"两微"平台上较早、较多接触事件信息的用户，他们通过自己的再编码将信息及个人意见传播给其他用户，影响他人的态度，从而影响舆论的走向，推动事件的进展。一般而言，由于"意见领袖"的地位和性质，他们传递的信息和意见会比大众更加具有说服力，他们加工的信息针对性更强，更容易被用户接受。

"意见领袖"在网络的动员中扮演着重要的角色，通过较高的发声质量和频率，他们在某一特定事件的某一特定范围内可以获得大多数用户的认可，成为这一群用户的治理者，对动员起到或加速或延缓或平息的作用。而随着时间的推移和事件的发展，网络上"意见领袖"的影响力又可以辐射和扩展到现实生活当中。因此，政府应当重视"两微"平台的"意见领袖"并对之进行有效的监督监管，加强与其沟通对话，能够有效理解和判断他们的话语体系和利益诉求，预判网络事件的爆点并进行合理的干预，借助他们的理性发言来发挥导向作用，影响用户的判断，引导舆论往良性发展。

2. 争取用户的情感认同

大多数参与网络群体事件话题讨论的用户并没有明确目标和利益诉求，事件也并不一定与他们有直接的利益关系，他们参与是因为与事件主体或者说动员发起者有着较高的情感认同。换句话说，"两微"平台上的用户不仅仅受到网络技术特性的影响，而且会受到其他用户在平台交往中的心理效应影响。情绪在热点事件中起到了催化剂的作用，网络动员的过程可以说成是情绪动员的过程，如同群体影响中提及的群体感染一样，情绪成为用户参与网络事件的根源。无论是"冰桶挑战"还是长春长生疫苗事件，情绪情感的认同和共鸣能够吸纳多少参与者，则决定了这一热点舆情的规模、时长甚至是发展走向。

社会学中通常用"认同"来指个人与他人有着共同的想法，在人们交往的过程中，会被他人的感情和经验所同化，或者用自身的感情和经验同化他人，彼此间产生内在的默契①。在"两微"平台上，如果想要合理干预并引导舆论的最终走向，就必须要最大限度地争取用户的情感认同。基于此，在热点事件中，政府或者媒体要借助"意见领袖"的力量，让信息和理性、正面的意见迅速而有效地在用户中传播扩散，通过沟通和对话强化用户对于事件的理解，从而形成共同的认知，达到情感认同，形成强大的凝聚力，进而在"两微"平台上动员更多的用户来引导舆论走向。

3. 有效疏导负面情绪

最大化争取情感认同的过程中，往往会因为情绪的过度输入而带来意料之外的冲突。彼得·康戴夫把利益、情绪和价值观视为冲突必不可少的三个要素，"在任何冲突中，冲突的情绪性因素当放在首要处理位置"②。因而在冲突管理的过程中，要能够让负面情绪有效、恰当地释放，从而才能缓解紧张状态，让舆论良性发展。正如科塞指出："如果没有发泄互相之间的敌意和发表不同意见的渠道，群体成员就感到不堪重负，也许就会用逃避的手段作出反应，通过释放被封闭的敌对情绪，冲突可以起维护关系的作用。"③

在网络事件中，用户往往会表现出群情激奋的状态，情绪表达和情绪释放的背后存在着各种各样的动机，可能是释放压抑久了的情绪，可能是毫无目的、无聊空虚的"围观"，也可能是对事件中某一方或某一细节的同情或关注。但无论哪种原因，情绪会在事件发展过程中发酵，在正面情绪尚未达到认同的情况下，负面情绪早已抱团，相互强化，从而把舆论带偏。因此一方面要帮助事件中的用户，将他们的注意力引向事件的实质问题，从而让理性占据至高位置；另一方面通过提供意见发声渠道来疏导负面情绪，通过信息

---

① 夏征农，陈至立. 辞海：第六版缩印本. 上海：上海辞书出版社，2010.
② 康戴夫. 冲突事务管理：理论与实践. 上海：上海世界图书出版公司，1998：8.
③ 科塞. 社会冲突的功能. 北京：华夏出版社，1989：33.

的权威发布来缓解负面情绪。也只有在负面情绪得到控制的情况下，舆论才能往正面的方向发展，不至于走向极端。

四、主要平台的战略调整对舆情的影响

网络舆情的酝酿、暴发和衰退都是基于一定的媒介载体，而媒介载体的把关审核方式、社交关系逻辑等一旦出现变化必将影响舆情的发展变化。我们选择微信、微博两大主要网络平台，分析它们的战略调整对舆情带来的影响，并与作为资讯客户端代表的今日头条作对比，分析其他平台在舆情治理上的优势，以期对如何提升网络平台舆论治理能力有所启发。

1. 微信战略调整对舆情的影响

作为微信平台的提供者和运营者，腾讯曾进行了重要的公司架构调整，调整后的微信更加强调社交平台与资讯、短视频、长视频等内容的整合，加强了技术中台建设，更加重视社交广告的商业化。微信的调整包括微信公众号改变，在传统的社交中心之外开始结合算法推荐；在微信朋友圈发布中加入"用微视拍摄"等推广入口，并单独给予微视在朋友圈分享的权利，以此将朋友圈熟人信息分享与短视频信息（适合全网公开展示）两种场景"无缝对接"。

事实上，这一次战略调整是微信被字节跳动公司旗下今日头条和抖音两大流量平台 App 不断追击的必然结果。从上述可知，此次微信的战略调整有两个关键点，第一是引入了算法推荐，第二是引入了微视频。具有强大社交功能的微信的这两点调整将影响这一网络平台的舆论治理。

众所周知，微信是社会化媒体中的一种，社会化媒体是基于用户社会关系的内容生产与交换平台，它的最基本特征就是 UGC（用户生产内容）和强社会关系的传播。根据央行 2021 年 12 月公开的数据，我国微信使用人数已经超过 12 亿，占据我国社交软件榜首位置。

　　值得注意的是，与另一大社会化媒体微博不同，微信的这种社会关系是更"近"的强关系，强关系中的信息传播会让信息接收者更容易被说服，并参与下一轮的信息转发和传播。因此，在微信平台上舆情的表达和扩散就具备了 UGC 和强社会关系传播这两点特性，微信用户借助人际社会网络的复杂关系交叉勾连形成共同意见，间接并隐含式推动舆情发展，产生强大的群体说服作用，以此来形成微信舆论场，这也使微信平台的舆情治理变得极为复杂和困难。

　　一方面，在引入算法推荐后必然会改变朋友圈和微信公众号信息呈现逻辑，为舆情治理提供了更大的可能性。原本用户看到的微信公众号内容推送和朋友圈信息，前者是严格按照发布时间排序，最新发布的在最上面呈现，后者则是按照更新时间排列的逻辑，除了限流之外并没有干预。而一旦引入算法推荐之后，这一展现过程将从原本的不可控制变为可以控制，甚至可以通过算法实现具体的计量。之后我们看到的微信公众号内容推送和朋友圈的信息推荐都将是经过算法推荐过滤的，尽管这一过程看似更贴合用户的兴趣偏好，但是在舆情事件暴发过程中，可以通过算法推荐的形式过滤掉负面信息，最大化降低负面情绪的渲染，降低偏激泄愤的可能性。这是一种理想化的情况，前提是微信平台能有效做好内容过滤，否则会出现将负面信息更加精准地推送给对负面信息更为"喜好"的用户的情况。

　　另一方面，视频的引入使得微信彻底从原本的文本、图片内容社交平台，转变为文字、图片、视频的社交平台。这无疑会吸引更多的 C 端（个人）用户，也会聚合更多的 B 端（企业、商家）流量。流量增大对于微信而言可以扩展商业化发展的新空间，但由于视频无法实现全部自动审核，仍然需要大量的人工劳力来实现，这会让微信的舆情治理面临新的挑战。与此同时，微信引入"微视拍摄视频"入口之后，会使得热点事件在微信和微视的合力下，引发两个舆情场域的共振，最终形成更为庞大的舆论动员，舆情态势也将变得更为汹涌和迅猛，使得微信舆情治理雪上加霜。

之后微信进一步深化了"＋视频"、"＋信息流"、打通强弱关系的理念，客观上也将影响其舆情的生成和传播。一是推进"社交＋视频"协同，增加了风险性视频的快速扩散概率。微信在朋友圈右上方引入"用微视拍摄"入口，将微信的私密性社交网络与微视的开放性短视频无缝衔接，并以海量视频的方式在网上快速扩散，可能形成更为复杂多变的舆情态势。一旦企业对视频的监测出现疏漏，特别是重大的事件、突发的危机、刺激性的画面，更容易通过短视频以极强的冲击力、感染力在极短时间内引爆舆论场。二是增强算法推荐与信息流分发功能，在强弱关系紧密融合中提升了舆论场能级。在微信新版本中，用户点击公众号文章右下角"好看"按钮，一键将内容分享到"发现"栏目的"看一看"列表。列表中汇集了好友点赞分享的文章，也有很多是算法推荐的文章，构成了下拉式的资讯流。微信这一新的呈现方式，不同于此前主要由社交关系组成的朋友圈文章分享，更像微博式的信息广场，同时又夹杂着熟人推荐的信息，列表中的信息还可再被分享到朋友圈或微信群组中，其实质是打通了强关系与弱关系两种传播方式，将带来信息的更快传播和更广扩散，客观上会提升重大舆情事件影响力和负面舆情破坏力的上限。作为对比，资讯 App 虽然也普遍采用算法推荐来分发内容，但因资讯 App 的用户相互间是原子化的分布，没有形成有效的社交网络，即便有负面信息和谣言送达部分用户，在这些资讯类产品中也难以形成舆情扩散。而微信开创的强社交平台与智能信息分发更趋紧密的融合，对舆情生成与传播的影响可能是深远的。

2. 微博战略调整对舆情的影响

从 2010 年诞生以来，微博在网络舆论场中始终扮演着重要的角色。如前所述，微博这一社会化媒体的基本特征同样是 UGC 和社会关系，而除此之外，传播过程的扁平化、表达方式的匿名化，以及与日俱增的用户量决定了微博平台上信息的庞大、舆情的复杂和多样，而其碎片化、实时性的特点决定了其对现实世界的反应在空间维度

（更深入）和时间维度（更快速）的深入和深刻[①]。

在社交关系上，与微信相比，微博社交关系更多的是弱关系，这决定了其传播信息的迅捷性。另外，微博是双向关注（好友）和单向关注（用户关注大 V/机构号）并存，是一个几乎完全开放的平台，用户看到的内容几乎都是关注对象的原创或转发内容，在微博这一社会化媒体上不会像微信需要获得对方的同意才能看到对方所发布的信息和朋友圈。这就决定了微博的舆情表达和扩散是一种"万向互动"的传播模式，它相比于树状、网状、裂变式的传播模式更加 360 度无死角，也正因如此在微博上才会有无影灯效应。

近年来，微博将内容展示的逻辑从"关注对象的内容按更新时间排列"变成了"用算法挑选一部分关注对象近期发布的内容"，同时在运营层面将内容导向娱乐、购物而非公共问题的讨论。一方面，引入"算法挑选"会让微博的舆情传播过程和内容的呈现过程变得更加可控，通过适当的治理和恰当的介入来改变舆论的负面走向，避免了负面信息和负面情绪的持续扩大，可以更多地传递正能量，这无疑是提升微博舆论治理能力的有益之举。同微信一样，这也是基于一种理想化分析，前提是微博平台能有效做好内容过滤，否则会出现将负面信息更加精准地推送给对负面信息更为"喜好"的用户的情况。

另一方面，公共问题的淡出，娱乐化信息的泛滥，更容易让微博沦为"娱乐至死"的空间，微博上的舆情走向更易出现文字的曲解与恶搞，更易强化平面化、快餐化、非理性的情绪化体验，凸显"形象感性化"，从而缺乏理性的思考，助长了不良流行文化的流行。如果微博平台上大量充斥娱乐性话题的内容，并且信息接收者和传播者即微博用户用更为娱乐化的方式来做解码和再编码，这必然会增加所传播信息的不确定性，流言很可能会裂变式传播和螺旋式扩散，导致微博上热点事件的舆情发展更容易偏离正轨而走向负面，这无疑增加了

---

① 李国锋，徐锦程. 我国信息内容服务业理论体系界定与发展对策研究. 山东经济，2008（7）.

微博舆情出现危机的可能性。

五、与资讯客户端的对比：以今日头条为例

今日头条是北京字节跳动科技有限公司开发的一款基于数据挖掘的推荐引擎产品，为用户推荐信息，提供连接人与信息的服务。其由张一鸣于 2012 年 3 月创建，同年 8 月发布第一个版本。今日头条作为聚合类移动新闻客户端产品，是在大数据的基础上对用户进行推荐，它根据用户所在地理位置、兴趣爱好、曾阅读新闻类型、年龄等多方面信息进行个性化推荐，推荐的内容包括新闻、电影、网购、游戏、直播、小视频等各个方面。截至 2021 年 11 月底，今日头条用户数量已经突破 8 亿。

与微信和微博两大社交平台相比，今日头条的社交属性并不突出。在今日头条 App 上，用户可以互相关注形成好友关系，也可以单向关注头条号，但是这两种关注关系都不能够决定用户看到的信息。具体而言，在微信和微博平台上，用户所看到的信息几乎都是自己所关注的用户或机构发出的，但在今日头条平台上，用户看到的内容大部分都是由其背后的推荐算法进行的个性化推荐。

在今日头条网络平台上的舆情走向，自然是依赖于用户的关注。如果用户在某一个时段大量阅读甚至是搜索某一热点事件，系统就会自动向他推荐分配多条相关的新闻报道。但值得注意的是，在头条号或者是其余机构发文之前，今日头条会有一次前置的审核流程，这就充当了把关人的角色，有利于从源头进行控制，以防止负面信息的过度传播和负面情绪的持续放大。不过在今日头条的平台上，很难会像微博和微信依赖社交关系链形成共同体意识和"意见领袖"，从而放大某种情绪或者加快某些信息的传播。因为在今日头条的模式下，用户之间的关系是相对独立、原子化排列的，这样使得平台出现群体性影响事件的概率大大降低，从而也减少了群体极端化的现象，更有利于舆情的治理。

当然，今日头条在内容"生产"和传播方面面临着一些问题。一

部分研究者认为，如长期使用今日头条 App，会导致信息茧房现象的出现，即内容同质化严重。还有一些研究者认为，今日头条代表的算法推荐在信息海量时代扮演着"信息小助手"的角色，可帮助人们快速有效地找到自己最需要的有价值信息，当然，不能低估用户本身的能动性与判断力。还有观点认为，如果要用"信息茧房"来形容内容同质化，则目前很多人仅仅通过微信公众号来接收新闻信息，更容易形成这种效应。一些别有企图者在热点事件中会抓到可乘之机，散播谣言，制造恐慌。这些问题给今日头条的前置审核提出了更大的挑战，这也解释了为何今日头条在优化机器推荐功能的同时，不断扩大人工审核队伍，建立以严苛的内容审核制度来保证优质内容优先分发，减少低质内容分发人数甚至不对其进行分发推广的机制，来不断净化其内容。

字节跳动科技有限公司公共政策研究院执行院长袁祥提出，今日头条坚信主旋律和正能量更有生命力，认为任何算法都不应该抽离价值，都应是在主流价值驾驭之下的①。为此，今日头条从产品、技术、团队等多方面入手，努力给算法赋予主流价值观、构建主流价值引领下的信息分发和短视频传播生态。

具体来说，一是设置正能量文章池，加强要闻和正能量内容人工干预。人工标注精品内容（主要是指正能量内容），设置"正能量要闻池"，通过"人工标注＋算法推荐"，完善首屏要闻推荐模式，让正能量的内容有传播力、到达率。二是加大正面内容弹窗比例，让正能量强效抵达。加强正能量人工干预，每天向用户弹窗推送正能量信息，用户每次打开弹窗推送的新闻后，用户模型中的正能量维度将加权，之后在信息流中更易刷出相关内容。三是全力打压涉嫌违规、低俗自媒体账号。依据"自媒体八大乱象"标准，对低俗内容和账号采取强力打压，每月定期对外公布处罚账号名单，对违法违规，涉色

---

①　字节跳动袁祥谈算法：反对低级的、带血的流量. (2018-09-20). http://tech. ifeng.com/a/20180920/45176132_0.shtml.

情、低俗和"标题党"内容采取"零容忍",对封禁账号号召同业禁入。四是建立正能量模型数据库、低俗模型数据库、谣言数据库。建立正能量模型数据库,提供更多优质内容供给;建立低俗模型数据库,通过人工标注＋机器学习强力打压低俗内容;建立谣言数据库,通过站内外数据建立模型,打老谣、辟新谣,通过回溯、弹窗等方式进行精准辟谣。

此外,今日头条还加大了"人"的作用,建立人工＋技术的审核机制,内容必须经过人工审核才能放出。一是建立技术过滤、人工审核、领导人双审、高热举报文章复审的"四审"工作机制,为信息安全提供充足保障。二是配备与企业规模影响力相适应的审核人力。三是积极发挥党员在内容审核、导向把关中的作用。审核人员要求全部具有本科以上学历,党员优先,必须经过培训方能上岗。

三大主流网络信息平台在方便用户、让网络信息传播更为便利的同时,也使得网络信息的监管变得越来越困难,从而导致网络平台舆论治理的难度大大提升,而三大平台每一次变革都会对用户舆论表达和舆论治理带来巨大的影响。综合来看,微博和微信两大社会化媒体利用社交关系链来传播信息的过程很难控制,这是不容忽视的问题。

即便是微信和微博平台跟随资讯客户端引入"算法推荐",也很难破解其社交属性在舆情生成传播上的固有问题。今日头条等资讯App的"算法推荐"除了能够帮助用户在平台上获得更好的体验之外,在应对网络舆情上也有助于过滤信息,从源头进行控制,从而加强舆情治理能力,将正能量信息推送给用户。

搞清楚网络舆论平台战略调整的影响之后,提升舆论治理能力就会变得更加有的放矢。对于政府而言,要在各大网络平台上构建起畅通的民众诉求渠道,充分利用互联网平台自身的优势,不断加强管理者与用户之间的互动和交流,这样才能够在热点舆情暴发时成为"意见领袖";而对于传统媒体而言,要摆脱因循守旧的思维,多用擅用网络舆论平台,在热点事件中能够早发声、敢发声,掌握主动权,寻求与用户之间的情感认同。总体而言，舆论治理需要的是对于网络舆论传播模式和演化规律的深入理解，在此基础上才能建立起网络舆情的应急机制，才能在网络热点事件发起、展开、暴发、衰退的各个环节，都能给出有针对性的治理方案。

第 2 节　网络舆论的双刃性

随着社交媒体的进一步发展，民众发声获得了极大便利，拥有一部智能手机以及一个社交软件，就可以轻松地将自己的看法发布在互联网平台上，在表达自己意见的同时还可以获得一些社会认同和社会地位。但是任何事物都有其两面性，网络上的舆论也不例外。这就需要我们正确认识网络舆论的双面作用，趋利避害，以营造风清气正的网络空间。

一、舆情传播的正面效应

舆情传播促进了民众参与社会生活的活跃性和积极性，也为民众提供了宣泄自身情绪的渠道，同时舆情的出现和传播也会提高相关议题的受重视程度，进而促进政府部门对某些特定领域进行改革，帮助政府等部门了解社情民意，从而采取措施造福于人民，促进我国社会的良性发展。

1. 唤起公众参与社会事务的积极性

在新媒体环境下，人人都有麦克风，人人都是记者，每个人都可以方便快捷地对社会事务发表自己的意见，无论是对各互联网平台上暴发的社会事件还是有关国家的政治事务，民众都可以相对自由、平等、开放地发声。同时，民众不再只是消极被动地接收信息，而是渴望自身能够参与其中，希望相关部门能够关照他们的想法和意见，他们参与信息生产、传播与反馈的积极性得到前所未有的提升。无论舆情在"两微"平台是第一次还是第二次传播，都极大地带动了诸多用户的积极参与。

舆情传播可以唤起公众对社会事务参与的积极性，主要表现在以下两个方面，一是公众话语权的提升，参与社会事务的积极性提高，民众参与相关事件的渠道和路径十分便利；二是在当下风险社会的大背景下，每个人都对所处的环境有着极大的不确定感，在发生一些与自身利益相关的事情时，他们会主动地了解、参与并督促相关部门进行解决。当面对重大社会公共安全问题时，媒体应该减少冗余信息与噪声，提供对于事件尽量真实客观的叙述，正确的引导舆论，减少假新闻的产生；政府也应该建立危机管理长效机制，面对公众的疑惑和恐慌，要及时沟通回应，及时公布后续处理措施与办法，不要试图回避，学会正视质疑和问题。

2. 提高特定社会议题的关注度和重视程度

大众媒体具有一定的地位授予功能，可授予社会问题、个人、团体以及社会运动以地位。大众媒体可以使个人和集体的地位合法化，从而提高其权威性。比如各种媒体明星，包括学术界的明星，往往是媒体报道较多的对象，他们不一定是这个领域的佼佼者，然而一旦媒体集中给予关注，会让受众认为这些人非常重要，他们的行为和观点具有重要意义，值得我们特别关注。地位授予功能并不只是针对个人，还包括社会问题等。通过对特定社会议题的传播，可以授予社会问题以地位，从而提高其权威性，使人们认为它们很重要，值得关注。地位授予功能现在不仅仅存在于大众媒体，在微博、微信等社交媒体上也得到了体现，很多议题经由社交媒体的传播，其知名度、受关注度以及民众的重视程度都得到了很大的提高。

媒体报道的议题经由社交媒体的二次传播，将会大大提升事件本身的知名度和关注度。以微信为首的自媒体显现出传播主体平民化、传播用语标签化、传播内容个性化、传播效果放大化等特征，在突发事件的传播上表现出越来越显著的作用。社交媒体对于议题的二次传播，会大大提高其原来的影响力，这些议题会通过用户的多次转发和扩散传播到更广泛的人群当中，从而提高议题的认知度，这在一定程度上也会形成一定的舆论，代表了很大一部分网络用户的看法。新媒体具有精准即时的信息推送机制，以及原创化的报道风格，这将会触发微博扩散议题并向主流媒体溢散，同时通过微信等社交媒体进行意见聚合，从而强化集体意向，最终引发传统媒体的转发报道并获得各方的回应。议题从主流媒体传播到社交媒体，再由社交媒体转回到主流媒体，在这个信息传播过程中，会加入民众的看法和态度，已经和之前的议题本身有着很大的不同，在此转换过程中，议题的知名度和关注度都将会得到很大的提高。

民众对于社会热点事件的讨论和传播，提高了事件本身的知名度、影响力以及受重视程度。例如 2017 年的红黄蓝幼儿园虐童事件暴发后，主流媒体开始占据微博舆论场，掌握主导权，微信平台主流媒体的热门文章开始增多①。伴随着微博、微信等社交平台对于该事件的大量报道和传播，幼儿园虐童事件引起了众多普通民众的关注，人们不仅把眼光放在此次的虐童事件上，还联想到之前发生的多起相似案件，进而对我国的幼儿园教育提出了质疑，也对孩子上学等充满了焦虑。至此，虐童事件在线上社交平台和线下交流上都引起了极高的关注和重视。可以说，舆情的传播带动了事件的扩散，提升了议题的受关注度。

舆情是社情民意的反映，经由民众口耳相传进行传播的议题，会极大提高民众对该议题的关注度和重视程度。尤其是触及民众痛点的议题，容易激发广大用户的情感共鸣，特别是在"后真相"时代，情绪比事实传播得更快更广，更容易引起关注和讨论。这些特定议题，大多与民众本身的利益有着密切的关系，一旦发生，便会产生比较广泛的影响。敏感议题经过媒体尤其是社交媒体的二次传播，在微博、

① 程粮君，许欢欢. 从社会化媒体看虐童事件舆情演变趋势：以红黄蓝事件为例. 视听，2018（1）.

微信等社交平台上获得了大批用户的转发评论时，加入了民众的意见和态度，这将大大提高社会对热点事件的关注度，从而促进事件的发展和解决。媒体在对这些比较敏感的话题进行报道时，一定要注意报道的分寸，要有人文关怀，同时要保持客观公正，最大限度地挖掘事件的真相，不要从新闻生产的源头上出现假新闻。

3. 提供社会情绪和压力的宣泄出口

舆情是一种情况、情状和民意状况，既可以是得到公开表达的民意，可以通过舆论得到反映、得到体现；也可以是未得到公开表达的民意，此时舆论还未形成，其存在方式是民众将未表达的意见或未表露的情绪留存于心，待到有了合适的由头和机会时一并表露、发泄。一些社会事件容易激起用户的同理心，用户会借用一些社交软件发表对这些事件的看法。在当下的新媒体环境下，各种发泄社会情绪和压力的渠道、手段、方式都很便利，也正因如此，舆情越来越多元化，代表着更多民众的看法和利益。舆情是社情民意的反映，因此在民众发声之后，对于事件的解决需要有关部门投入更多的精力，实现更高的效率，这样才不会让民众失望。网络舆情为民众提供了宣泄社会情绪和压力的出口，可以有效地进行社会整合，维护社会稳定，减少因发声渠道不畅引起的社会矛盾和纠纷。

新媒体时代，网络舆论不同程度地充当了政府部门、社会组织和民众之间相互沟通的"桥梁"。在社会转型与矛盾凸显的发展境遇中，倾听网民意见，促进社会沟通，发挥网络舆论"晴雨表"和"减压阀"的作用，是实现社会治理现代化的重要前提。网络作为开放的公共空间，创造了异质的大众和多元的观点共存的条件。在网络空间这一意见观点的集散地，沟通、对话、协商、共识最终会成为舆论表达的主流。平等沟通、真诚辩论、理性交往，发挥网络舆论的社会整合功能。网民作为社会生活的主体，往往能够最先感知到潜在的社会风险，最先感受到政府的政策效应。要通过网络舆论发现问题，掌握民情，了解人们的社会心理和政治心态，因势利导地调整政策、解决问题，形成网络舆论的社会预警功能①。

4. 引发政府部门关注特定问题

微信、微博等新媒体的相关报道能引发政府部门关注特定问题并予以解决，甚至可以促进特定领域的改革。我国改革进入深水区后，很多领域的改革成效显著。随着移动互联网的发展，民众参与社会事务和政治事务的渠道更加便利，通过一些社交软件可以轻松地表达自己的意愿和看法；民众的观念也获得很大改变，从"受众"到"用户"，体现了民众在当下话语权的提升，他们的声音受到越来越高的重视；在新媒体环境下，用户反馈的手段更加快捷便利，他们渴望自己的反馈能够真正得到重视，希望自己反映的问题能够得到政府及其他机构的快速解决，他们的参与性、积极性、主动性都比之前有了提高。

很多能够引起广泛关注的议题，多半是积弊已久，这些问题再次或者多次暴发，尤其是在社交媒体上，势必会引起超过以往的关注度。对于这些敏感的社会事件，尤其是已经在社交平台上引起广泛关注和讨论的问题，一些相关监管平台和管理部门一定要积极重视起来，在萌发期进行治理和解决，以免酿成不可挽救的后果。要建立实时监测机制，及时对社交平台反映的问题进行总结评估，对于一些反映多次的问题，要着手去解决，不要等到问题扩大之后再去想办法。

5. 成为政府关注民情的信息窗口

随着互联网信息技术在我国的高速发展，网络逐渐成为一种潜在的力量源，不断推动着我国社会各个领域向前发展。我国网民规模也在不断扩大，互联网已然成为我国公民诉求常态表达和社会舆论监督的重要渠道，形成了一种全新的政治参与形式：网络政治参与，其对

---

① 邓纯余，孔祥梅. 论新媒体时代网络舆论的要素特征及功能. 佳木斯大学社会科学学报，2018，36（2）.

我国的政治制度、政治过程和政府管理都带来了深远影响①。在这个大环境下，很多政府部门为了了解民情民意，开始想方设法融入新媒体大环境中，并且开始考虑自身形象的转变，改变传统的与民众沟通的策略，态度更为亲民，也更会考虑民众的心理。许多政府机构为了转变形象，也开始创办政务微博、政务公众号等作为官方在社交软件上的发声平台，更好地了解民情民意，更好地与其进行沟通，加强双向理解，促进政府政策的实施，保障民众的利益。

根据人民网舆情监测室发布的政务指数微博影响力报告，@共青团中央作为共青团中央连接党和青年的桥梁和纽带，在引导青年、服务青年、弘扬主旋律、传播正能量方面发挥着独有的感召力。在新媒体环境下，政务微博不再像传统那样，只是一味地发一些官方的资讯，而是开始发布与用户关系密切的内容，同时转变了与用户交流的方式，手段和形式更为新颖和多样化，更加考虑用户的信息接收习惯，信息传播的双向互动性也得到增强。

从政务微博的运营中可以看出政府在转变形象上所作的努力，从内容、渠道、互动等方面不断地进行调整，不断优化用户反馈信息的方式，不断吸收更多的用户生产内容。也正因如此，政务微博受到了用户的信赖，从而使得政府了解民情民意的渠道更为方便和畅通。北京市公安局的官方微博"平安北京"也是这样的政务微博，其凭借接地气、专业度高、互动性强等优势成为警方与民众沟通的桥梁。新媒体环境下的社交软件、网络平台为政府提供了了解民意的窗口，拓宽了民众进行信息反馈的渠道，更好地连接了政府和民众。运用好这些新平台，才能更好地了解民情民意，使政府决策反映民众呼声，真正解决民众关心的问题，满足广大人民群众的利益。

舆情成为民众和政府之间沟通的桥梁和纽带，促进上下之间的交流，民声民意可以借此传达给政府部门，让其举措更为便民利民；也可以让政府的政策、决定等传递给民众，使其了解政府的目的和意

---

① 周宇豪. 我国公民网络政治参与问题研究. 上海：上海外国语大学，2018.

愿，从而促进社会和谐，减少各方的不信任感。

二、舆情传播的负面效应

我们在看到舆情的积极作用的同时，也要警惕它可能带来的负面影响。网络中参与人群的广泛性、社交媒体传播的快速性可能会造成谣言、假新闻甚嚣尘上，混淆视听，甚至发展为网络暴力、线下冲突，影响社会治安和凝聚力，不少媒体的盲目发声会使媒体和司法的天平倾斜，影响司法审判和司法公正。

1. 传播谣言，引发公众恐慌

在"后真相"时代，情绪比事实更容易影响用户对于信息的传播，情绪在前，真相在后，人们通常会受到情绪的影响，而忽视对客观事实的调查，情绪的感染力远大于事件的真相。同时移动互联网的发展，使得每个人都可以便捷迅速地寻找或者转发自己感兴趣的信息。在"人人都是记者"背景下，传统把关人的角色弱化，人人都是信息的生产者、传播者和接收者，这也就使得整个信息环境真假难辨，加大了用户探寻真实有用信息的成本。此外，传播渠道变得多元化。构筑信息环境的不仅仅是传统媒体，现在社交媒体在为人们提供信息的能力上丝毫不亚于传统媒体，甚至有些议题会从社交媒体转向传统媒体，这大大冲击了传统媒体的社会影响力和信任度。这些环境不免为谣言滋生提供了丰富的土壤。由于参与主体的多样性，渠道的多元化和把关能力的弱化，大量的信息在平台上得以传播，其真假难以分辨，造成谣言、假新闻的大肆传播，民众也会因信息不对称而产生恐慌，加大了社会的风险程度以及人们相互之间的不信任感。

谣言的传播、用户的卷入度与事实的不确定性和事件的模糊性因素有关，事件对人们来说越重要，卷入度越高。如果其真相模糊、不确定性高就容易引发谣言的大量传播。当下微博、微信等社交平台用户的广泛性和信息传播的快速性，使虚假信息、谣言更容易扩散。谣言在生成之后，往往借助微博的种种"围观"行为，获得迅速而广泛的传播，引发公众的误解和不满。另外，当今社会快节奏的生活使得不关心真伪的围观与跟风成了时髦，人们甚至以猎奇、娱乐的态度来制造或传播谣言，使得谣言的无意识传播和非理性传播大行其道。其中也不乏某些人篡改主流媒体的新闻，再在社交网络上进行传播，误导受众，以达到不可告人的目的。对此，传统主流媒体应该及时调查事实真相，及时追踪报道。谣言止于信息公开，止于真相的及时与权威发布，信息的真实性、公开性、权威性会减少信息的不确定性，从而减少用户的信息焦虑。

由国家网信办违法和不良信息举报中心主办的中国互联网联合辟谣平台自正式上线以来，已整合接入全国各地40余家辟谣平台，辟谣数据资源3万余条。在平台对辟谣案例进行整理时发现，在当前划分的政治、社会、文化、健康、食品、科学六大类别中，健康、食品、社会三类虚假信息、谣言位居前三名。其中，"舌尖上的谣言"占45%，食品安全领域成为网络谣言的重灾区。中国互联网联合辟谣平台有27家以国家部委为核心的指导单位，设置了部委发布、地方回应、媒体求证、专家视角、辟谣课堂等栏目，具备举报谣言、查证谣言的功能，主要强调联动——"联动发现、联动处置、联动辟谣"，这种多方联动，在专家和业界看来，对于治理网络谣言非常必要。面对那些似是而非、面目模糊的消息时，可以在这个平台上找到最权威的答案。同时，我们也可以通过各种渠道举报谣言，为网络空间清朗尽一分力。在整合政府、专家等力量的同时，新技术、大数据的运用也至关重要。2017年年初，百度成立了百度辟谣平台，利用技术优势，实现谣言与事实论证信息的快速匹配，采用搜索页首条推荐的方式，网民有疑惑可以直接百度一下，以最经济的成本获得有效信息，以最便捷的方式分辨谣言。截至2019年底，全国网警巡查执法账号共在入驻网站和平台接受网民咨询举报81万余次，发布和转载法制宣传教育类、防范类等主题帖文35.8万余篇，其中发布网络辟谣信息5900余篇，并教育警示了一批发布轻微违法信息的网民。2018年6月，网易上线"辟谣功能"，采用算法推荐的方式，对各种假新闻、谣言等进行查证和快速打击，邀请行业专家及业内资深人士用科学与事实对网络谣言进行有针对性的打击，传播真相，粉碎谣言；新浪网则于 2018 年 7 月 20 日上线试运营"捉谣记"频道，主要关注自媒体账号所生产的内容，监察各类内容是否存在失实之处。

政府部门要把网民的意见作为制定政策的参考，以获得网民的认可和赞同。另外，政府要在制度化、规范化下及时公开信息，及时公布事实真相，这样网络谣言就不攻自破。

2. 引发网络暴力和线下冲突

舆情往往是带有情绪倾向的，并不是完全理智客观的。在社交平台上，充斥着各种各样的情绪，当一个触及情绪的事件发生时，就会点燃一连串的情绪，进而造成对当事人或者其他对象的网络暴力伤害，严重时，这种网络暴力还会转化为线下冲突，影响社会治安。在"后真相"时代，这种情绪更容易被引爆，并具有很强的感染力，能够轻而易举地感染很多人的情绪，这也使得一些热点事件能够在很短的时间内很快地传播。此外，在当下环境中，也不乏一些传统媒体缺乏职业道德，或者为了经济利益，还有一些"大 V"和自媒体公号，为了获得更多的阅读量，对这些容易引爆情绪的事件进行转发，严重影响了媒体应有的客观公正性，这些做法不仅不能正确地引导舆论，反而会加剧事件的恶化，造成不可挽回的后果。

网络暴力是社会现实压力的一种表现。人们在一些事件中表现的暴力行为，看上去是针对某些特定的当事人，但实际上，它是人们针对普遍社会压力的一种泄压行为，特定事件或人物只是一个启动阀门。而网络表达的相对自由性，为这种压力释放提供了可能。网络暴力作为网络恶性行为的典型代表，恶化了网络生态，扰乱了网络秩序。近年来，在各个平台上出现的网络暴力以及引发的线下冲突事件不在少数，这就需要网络平台负起监管责任，净化网络空间。各相关部门也要加强互联网治理，联合各方共同减少网络暴力的发生，同时线上线下实时沟通交流，防止暴力由线上转为线下。

网络暴力有一个共同点，就是出于好意。网络暴力的发起者是好心的，他们试图在法律之外、在舆论上为弱势群体讨回公道，维护社会正义和道德秩序。但结果却背道而驰。在真相未明的事件中，一些键盘侠在网络上肆意发泄自我，不论缘由对别人进行恶意攻击，以致被网络暴力的人遭到巨大伤害，甚至失去生命。网络暴力带来的悲剧事件并不少见，网络暴力不仅突破了道德底线，往往还伴随侵权行为和违法犯罪行为。

3. 舆论干预行政和司法行为

舆论的存在不仅能够帮助政府部门了解民情民意，处理好各类冲突，还会影响行政和司法部门的决策，对其造成干预。当政策存在不合理的地方并且会威胁到公众的切身利益时，就产生了严重的不协调。在此情况下，舆论利用其影响力督促政府回应社会关切，通过制定具体的解决方案，疏导公众情绪，调解社会矛盾，促进社会和谐。然而，舆论监督的平衡点难以把握，尤其是在移动互联网时代，自媒体盛行，话语权下移，公众对相关事件的关注度极易骤升，理性表达与非理性言论并存，尤其是面对如"昆山反杀案"等刺激性社会事件时，受众的理智往往容易被朴素的正义感所取代，舆论监督异化，成为一场场舆论的狂欢。

从以前的药家鑫案、彭宇案，到近年来的聂树斌案、于欢案、江歌案，每一个案件的发生都会引起公众对于"舆论"与"司法"关系的讨论。

首先，事件的刺激性、人物的标签化，都会牵扯民众情绪。于欢案发生后，出于对被侮辱者的同情，出于对护母心切者的维护，大众自愿为于欢作"无罪辩护"；江歌案中，舆论一边倒地将指责的矛头对准了刘鑫。

其次，在互联网时代下，实体问题被公开，次要消息变主要信息。现代社会，除了涉及国家秘密、商业秘密、个人隐私和未成年人的案件，司法审判一般公开进行。这本来是民众了解案情、见证司法过程的窗口。可是在新媒体时代，许多网民却将舆情高度关注的相关案件的公开审判作为表达一己之见的机会。传统的交谈仅局限在小范围内，私下传播范围有限，事情不至于扩散到大庭广众中去。但是在互联网时代，一些被不适宜讨论的案情、话题，通过社交渠道被迅速放大和裂变式传播，这就成了足以影响舆论的不恰当的公谈，这一行为在"江歌案"中表现得很明显。

再次，在一定社会背景下，公众对既定法制的认知存在缺陷。大众的生活经验积累、既有的价值观和态度、行为取向，会形成一种"框架"，这种"框架"会影响未来处理信息的价值观、态度和行为取向。以昆山反杀案为例，在官方给出回应之前，舆论几乎一边倒地要求判定无罪，这一现象的产生无非是基于先前于欢案、聂树斌案的经验，甚至，即便在司法判定无罪之后，"这一结果是舆论影响而非纯粹的司法判定"的言论也是一浪高过一浪。

而舆论的这一影响也并非完全没有理由，在官方回应中，判定无罪的理由之一，是刺向刘某龙的最后两刀并非致命伤，这一理由显然并未回应受众的核心关切。假设最后两刀为致命伤，司法又会如何判定？"正当防卫"的界限究竟在哪里？由此来看，舆论与司法冲突的实质，是政府对公民权利的保护意识不足和公众的法制期待未得到满足的冲突，由此造成的不信任感，无疑激化了舆论和司法的矛盾[①]。

最后，部分媒体报道不规范，以主观煽动代替了客观真实。报道不规范的问题主要出现在自媒体身上，在注意力经济时代，自媒体人极容易摒弃新闻的客观真实原则，而成为情绪的发泄端口，其新闻活动主体极端价值观念与新闻专业主义强调客观性、中立性、平衡性等理念不同，其核心在于要求新闻业体现与普通公众的联系，一是代表公众，反映底层人民疾苦；二是参与社会行动，帮助底层人民解决实

① 杨艺. "舆论审判"与司法独立的交锋. 东南传播，2012（7）.

际问题。它的观念是价值先行，价值偏向和情感偏向比新闻的客观呈现更重要。无数极具主观煽动性的自媒体文章在网络上大肆传播，情绪化言论掩盖了事实真相，舆论点变幻莫测，难以捉摸，与"后真相"时代情绪先行的特点不谋而合。

4. 传播社会负能量，削弱政府公信力，影响社会凝聚力

舆情的发展在很大程度上是难以控制的，当恶性评论或者话语充斥网络平台时，借助社交媒体快速广泛的传播，这些言论会很快遍及各平台，加之用户受情绪的感染力影响很大，这些负面情绪会迅速蔓延至各个圈子层，造成整个信息环境都是负能量的假象。

当前我国社会正处于现代化转型期，随着改革的深入和发展，利益结构和社会组织发生了变化，导致利益主体多元化，直接影响每个社会成员切身的经济利益和社会地位。但是，公众对现实的种种不满往往缺乏适当的排解渠道，而网络为民众宣泄情绪提供了最佳的渠道，这就导致舆论多元化与尖锐化并存的现状。

处理好政府和民众之间的关系，需要双方的共同努力，政府要及时处理社会冲突，了解民众的所需所求，保障人民群众的利益；还要与各媒体处理好关系，号召主流媒体及时辟谣，进行正确的舆论治理，加强把关，减少负面情绪的传播；建设好反馈渠道，让民众可以方便地了解政府政策以及各热点事件的处理结果，增强政府的信息公开。此外，民众需要增强新媒介素养，提高辨识各种信息的能力，不传谣不造谣，不传播负面情绪，对政府的做法进行及时正确的监督，行为要正确，合理合法，不要故意放大政府的失误，加强对政府的信任。无论是传统媒体，还是自媒体，都要把握好信息传播的度，不能为了过度迎合受众，而生产、传播不符合事实的信息，不作有失偏颇的报道，坚持报道的客观、公正、公开。

第 3 节　中国网络舆情治理的发展趋势：包容与严管并重，实现从被动应对到主动引领

在网络舆情的发展过程中，政府往往扮演着重要的角色，它既是信息的重要发布者，又是舆论的有力引导者。对于网络舆情的引导和治理，政府首先需要进行自我理念的革新，摆脱传统"重监管、轻引导"的思维惯性和行为惰性，革新舆情引导、治理的理念，对不同性质的舆情区别对待，坚持包容与监管并重。

一、政府对网络舆情在整体上持一种包容、开放的态度

就如何科学看待网络舆情，习近平总书记作出过专门论述："网民来自老百姓，老百姓上了网，民意也就上了网。群众在哪儿，我们的领导干部就要到哪儿去，不然怎么联系群众呢？各级党政机关和领导干部要学会通过网络走群众路线，经常上网看看，潜潜水、聊聊天、发发声了解群众所思所愿"，"让互联网成为我们同群众交流沟通的新平台，成为了解群众、贴近群众、为群众排忧解难的新途径，成为发扬人民民主、接受人民监督的新渠道"。对广大网民，"要多一些包容和耐心，对建设性意见要及时吸纳，对困难要及时帮助，对不了解情况的要及时宣介，对模糊认识要及时廓清，对怨气怨言要及时化解，对错误看法要及时引导和纠正"，"对网上那些出于善意的批评，对互联网监督，不论是对党和政府工作提的还是对领导干部个人提的，不论是和风细雨的还是忠言逆耳的，我们不仅要欢迎，而且要认真研究和吸取"。"网民大多数是普通群众，来自四面八方，各自经历不同，观点和想法肯定是五花八门的，不能要求他们对所有问题都看得那么准、说得那么对。"

在社会和经济转型的当下，新事物、新问题更多涌现，对人们的

个人利益、思想观念都产生冲击。在此背景下，网络舆情不仅是社会的"晴雨表""减压阀"，为人们提供表达和宣泄的窗口，众多的舆情汇集起来，形成舆论的脉动，更体现了当代经济发展与社会生活的波澜壮阔与现实活力，是改革开放 40 多年国家和民族勃勃生机的外显。特别是网络技术手段的革新让越来越多的网民聚集在了移动端，这就意味着今日的网民可以不受时间和地点的限制来表达自己的态度和观点。许多突发事件中，舆情首度暴发的平台均来自移动端，倘若在这种情况下仍然忽视或轻视移动端的网络舆情，也就阻塞了政府了解真实民情民意的渠道，会丧失治理网络舆情事件的先机。政府部门需要把握在网络舆情事件暴发之后介入的时机，从而占据舆论引导的关键位置，才能从根源上防范危机、减少损失。

二、对特殊性质的网络舆情要区别对待、严加治理

一类是具有普遍性的舆情偏差，这主要是由我国网民结构分布偏差导致的。网络舆情是政府了解社情民意的窗口，但网络舆论很多时候不能准确反映主流价值理念，两者之间存在偏差。政府既要关注网络舆情，吸收其中的合理因素，也要认识到网络舆情的偏差，不能被非理性观点牵着鼻子走。

另一类是具有特殊性的网上违法行为，这主要是由境内外敌对势力操纵的。虚拟网络空间已经成为民众日常生活的第二大空间，要将在网络空间出现的问题和舆情当作社会问题来认识和对待，以网络舆情科学应对促进社会治理。其中，特别要对有敌对势力干扰的网络舆情高度重视，如果对此类特殊舆情不能有效监控监管，出现应对不当的情况，极易导致煽动性的愤怒情绪从网络空间向现实世界蔓延，从而出现恶性群体事件，扰乱社会公共治安。互联网表现为一种生存关系和社会结构，今天的和谐社会不仅仅需要现实世界的和谐，更需要网络空间的和谐，政府必须在理念上重视网络舆情的监管和治理。

三、对网络舆情进行适时主动、科学有效的引导

政府对网络舆情的监管需要更多地从被动走向主动。网络舆情的不确定性使得我们很多时候不能准确预知其暴发的时间点，因此在监管方式中，政府常常会采用"封堵删"这种被动式的监管。尽管这在一定情境下是奏效的，但这种滞后性和封闭性方式常常会使得问题进一步复杂化。从整体来看，被动的监管并不能彻底根治网络负面舆情的暴发，有时候反而助推舆情走向极端和负面。因此在面对网络舆情事件时，要更多主动引导。

首先，推行政务公开，化解信息不对称。

即便能够建立起完备的网络舆情监测机制，但由于网络舆情的不确定性，也无法保证每一件舆情事件都能够准确地预测到，因此在网络舆情暴发之后，政府部门要积极回应，及时准确地发布权威信息，从而化解网络空间中信息不对称的情况。

事实上，政务公开是政府重点推行的工作。一方面是政府工作的要求。《国务院办公厅关于印发 2018 年政务公开工作要点的通知》（国办发〔2018〕23 号）就做好 2018 年政务公开工作指出："稳妥做好突发事件舆情回应工作，及时准确发布权威信息。开展政务舆情应对工作效果评估，建立问责制度，对重大政务舆情处置不得力、回应不妥当、报告不及时的涉事责任单位及相关责任人员，要予以通报批评或约谈整改。"

另一方面也是现实需要。随着微博、微信等新媒体的飞速发展，民众开始能够从更多的渠道获取政务信息，这使得一部分政府的信息公开状况与民众期望之间的差距越来越大，导致严重的信息不对称，给网络负面舆情的滋生提供了空间。政府部门需要及时做好政务公开，传播正确的信息，改善自身形象，提高自身在民众中的信任度，将负面舆情控制在萌芽之中。

政府只有通过推行政务公开，及时发布真实的信息，才能够让网络空间里的不实信息、负面猜测失去自己生存的空间，赢得应对网络

舆情的主动权。所以政府要能够将热点问题、敏感问题的信息及时、适时地公之于众，满足公众对于此类信息的知情权，这样才能够从根本上消除负面情绪。进一步而言，政府要有不逃避、不回避的态度，对于公众关心的事件，政府应该坦诚、实事求是地公布信息，消除公众疑问，回应公众关切，这样才能逐步建立起政府在网络舆情信息场中的权威性和公信力。

其次，推动媒体融合，主动引导舆论。

媒体融合要求以用户为中心，在服务用户中引导用户，形成适应媒体融合发展的新思维、新观念、新认识。政府必须高度重视媒体融合的发展，准确把握媒体融合发展的大方向，不能简简单单地进行"物理叠加"，而是要实现"化学反应"。传统媒体和新兴媒体要在融合中互相借鉴，吸取各自优势，实现共融发展。换句话说，媒体融合既要吸收传统媒体在新闻上的可信度和权威性等优势，又要利用新媒体的分发渠道、平台和产品，在传播形态的多样性、及时性和互动性等方面拓展传播效果。

政府之所以要推动媒体融合，是因为与融合媒体的合作，能够进一步加强对于舆论和舆情引导的领导力。例如在突发事件出现的时候，新媒体具有不可比拟的先天优势，运用好新媒体就能够取得先声夺人的效果，及时发布权威正确的信息，从而阻隔谣言传播，避免其扰乱民心；而传统媒体利用自己的专业性能够进行深度报道和专业解读，在舆论中可以起到加强正面信息的宣传效应。让传统媒体和新兴媒体各有侧重、各展所长，从而在网络舆情事件中充分展现出全面、立体、多样的舆论引导格局，形成合力，一起消除网络空间内的虚假信息和负面情绪。

最后，发挥"意见领袖"的正面引领作用。

在面对一些社会热点问题时，专业性强、客观性足、正面的"意见领袖"及时表态，从可信任的第三方角度回答网民的疑问，对于舆论走向和发展具有重要的作用。他们用理性的思维为公众厘清逻辑关系，影响公众的思考方式，在与公众的平等对话中，营造主流舆论的良好氛围。

政府在网络舆论监管和引导的过程中，要能够充分利用"意见领袖"的力量。可以在网络平台上鼓励与主流价值观相符的"意见领袖"成长，不断扩大具有理性思维的"意见领袖"数量，同时也要允许持多样价值观的"意见领袖"存在（只要所持观点与主流价值观在意识形态上是非对抗性的），从而达到丰富健康的舆论平衡生态。政府要不断强化"意见领袖"的责任归属，建立起谣言追责机制，针对不实信息的发布者，能够溯源追踪并依法追责。此外，政府要建立起"意见领袖"的沟通机制，通过常态化联系制度，及时与"意见领袖"互通有无，并开辟多元表达渠道，让"意见领袖"理性发声，从而达到有效引导舆论的效果。切不可失去与"意见领袖"常态沟通、扩大共识的渠道，任由一部分"意见领袖"发布不理性言论，或是彻底阻隔、封闭他们的发声渠道，这样只会加剧网络舆情中负面情绪的发酵。

四、抓住舆情治理核心领域，创新监管方式

针对热点舆情，特别是负面舆情事件大多在"两微"平台首发并在其上集中传播的现状，应重点监管以微博、微信为代表的社会化媒体和社交网络，建立有效的舆情监测、舆情研判、舆情预控机制，将预防为先的思路贯穿全过程。在法律法规框架内和保证公民合法权益的前提下，创新舆情治理思路，结合个人信用体系建设，提高全社会促进网络舆情健康发展的主动性、积极性与前置性。

一是重点监管"两微"平台，建立有效的舆情监测机制和技术系统。

网络监管不能无的放矢、眉毛胡子一把抓，而应该重点突出。只有抓住重点，才能事半功倍。戴维·奥斯本和特德·盖布勒认为政府对于危机的管理最主要的职责应该是预防，而并非治疗。事实上，通过持续的监测来预防和预警危机事件，从而将危机扼杀于萌芽之中或者是提前干预，这是危机管理中最经济、最有效的方式。而对于网络

舆情也需要加强对异常情况的监测，要有健全的监测分析系统和警报预控系统，从而可以对网络舆情中潜在的危机信号进行识别，以便于在应对负面舆情时，政府可以抢占先机，不至于陷入被动的局面。

首先，政府要建立对网络舆情信息的有效收集机制。信息是预警机制设计的关键，因此信息的收集是政府对网络舆情进行监测和预警的关键，从网络舆情信息的收集中可以在一定程度上判断和预见网络舆情的发展。政府应该与网络媒体、网络平台建立起良好的合作关系，打通信息渠道来第一时间获取网络信息，特别是与相关平台打通对"两微"舆情实时监测的技术接口。政府要完善网络舆情信息的指标体系，根据不同渠道、不同类别来明确首发平台、传播渠道、舆情发展阶段及趋势等等，以便于将舆情信息标准化、规范化收集。之后，政府就需要对规范化收集来的舆情信息进行分类处理，对于传统的舆情平台博客和论坛，以及今日的新舆情平台微博、微信等进行差异性的信息"排查"。

其次，政府要建立对已收集舆情信息的研究机制。在舆情信息收集完全，并进行标准化、规范化存储之后，就需要对已收集的信息进行进一步的分析、评估和识别，找出网络舆情事件中的敏感点和危险点，并对其表现出来的倾向性进行分析和统计，从而来判断舆情发展的阶段和趋势，这是网络舆情预警的基础。一般而言，可以从时间、地域、分布、关注等维度进行分析，以时间维度为例，主要关注的是舆情信息发展的时间跨度，且在这一时间跨度中的信息发布平台数量、网友转载量、跟帖评论量等；而如果针对关注维度，则是统计网民对于该事件的点击量、搜索引擎的搜索热度等。政府只有对舆情信息进行科学有效的研究，才能够进一步做好预警工作。

最后，政府要建立对重点网络舆情事件的预控机制。网络舆情信息的收集和研究最终都是为了给舆情预警提供依据，以便于在舆情暴发之前政府就能够启动应急预案，达到控制负面舆情，引导舆情的目的。因此政府需要建立的是预控机制，确定相关警报和界限指标。如果某一件舆情事件的情况未触及警报界限则属于正常的舆情范围，而一旦超出界限则需要发出警报。舆情指标、预警阈值需要智能优化、动态完善，科学确定舆情重要、紧急程度和等级划分的标准。此前，汉森曾提出过关于舆情监测的指标权重可以作为参考，如舆情性质、严重程度、影响范围和可控性等因素①。必须注意的是，政府建立预控机制最好是在网络舆情的萌芽期，从最开始就能够采取应对措施来防止负面舆情的持续扩散，这是因为网络舆情发展态势极其迅速和不确定，越是滞后，政府控制引导舆情的难度就越大。

二是在现有监管框架下，推进互联网领域诚信体系建设。

近年来，政府在网络舆情管理方面，对互联网企业约谈与惩戒较多。这种做法固然取得了一定的效果。但是，对政府而言显得被动；对互联网企业而言，难以有效调动其网络舆情管理的主动性与积极性。因此，其效果尚有待进一步提高。

在此，我们提出一种新的思路，即借鉴个人信用体系，提高全社会促进网络舆情健康发展的主动性、积极性与前置性。

个人信用体系是指根据居民的家庭收入资产、已发生的借贷与偿还、信用透支、发生不良信用时所受处罚与诉讼情况，对个人的信用等级进行评估并随时记录、存档，以便信用的供给方决定是否对其贷款和贷款多少的制度。

个人信用体系就是一套详细记录消费者历次信用活动的登记查询系统，这是在社会范围内构建发达的信用消费经济的基础，也是大力提倡的金融生态环境建设的支柱之一。个人信用体系作为社会信用体系的基础，其重要性不言而喻。

个人信用体系完善之后，银行就可以根据个人信用评估资料，充分满足那些资信程度高、具备还款能力的消费者的贷款需求，并以此促进居民消费和银行消费信贷业务的快速、健康发展。当个人信用制

---

① HANSON W A. Principles of internet marketing. Ohio：South-Western College Publishing，2000.

度为社会所认同时，就能建立良好的市场运行机制，并促使个人消费信贷业务及国民经济的全面发展。

通过建立个人信用制度，实施强制性的法律法规来指导个人信用活动，规范当事人的信用行为，形成外部约束力量，依法惩治违约行为，从而有效增强个人守信意识，在全社会树立起良好的社会信用风气。这与我国传统的"诚实守信"美德是不谋而合的，其效果也是仅靠传统观念去约束所达不到的。

通过将网民行为与个人机制结合，激发个人的守法意识，对网上恶意造谣传谣等失信行为，形成普通个体能够深刻感知、引以为戒、常记于心的有效制衡和惩处机制。因微信舆情比微博更难治理，建议政府相关部门不妨先在微信平台上进行网络失信治理的尝试。

五、发挥企业、行业"自我管理"主动性，促进人工智能技术在舆情管控领域的运用

发展与治理是需要平衡的两个方面，互联网企业主动规避网络舆情风险，主动加强企业内部管理、积极参与行业自律，才能获得最大的商业利益和可持续发展。企业应树立正确的发展观、技术观、产品观，形成内部的统一正确认识，避免因舆情事件管理不力而带来的企业发展风险和商业损失。

一是互联网企业要树立起正确的发展观与舆情监管意识，主动加强内部管理、积极参与行业自律和业内协作。

首先，网络平台企业应该加强内部价值观建设，树立自身平台的权责意识，加强社会责任感，给商业利益的驱动以约束。对于网络平台来说，如果不在企业价值观上加以约束，任由其遵循商业逻辑发展，就会陷入恶性发展，不利于行业的自律。如果网络平台自身对价值观问题没有正确的认识，就会从源头上导致舆论环境的污浊化和负面化，更无从谈行业自律了。因此，企业内部要对此给予充分的认识，树立道德伦理意识，确立符合社会发展和时代潮流的价值观。从企业内部来说，要从自身开始端正思想，加强内部道德理论学习，向

企业价值观中注入社会责任要素，做到严格遵守行业道德，分清是非，不因商业利益而炒作事件热点。同时，企业还应认真学习政府政策，树立起对当下互联网和社会形势的清醒、正确的认识，时刻牢记自己作为舆论传播平台所肩负的社会责任。网络平台只有先端正自身，才能创造良好的社会舆论环境。

其次，网络平台企业形成行业组织，制定自律公约，并积极配合政府相关政策。在这一点上，美国采用的是"行业自律为主，政府管理为辅，行业与政府协同监管"的模式，政府主要负责制定相关的政策，网络行业组织制定并实施具体的操作规范。英国则成立了互联网监察基金会，主要职责是负责搜索互联网上的非法信息，将发布非法信息的网站通报给网络服务商，以便阻止网民访问，并制定了《从业人员行为守则》，要求网络提供者负有保证内容合法的责任。法国的网络运营商成立了"法国域名注册协会""互联网监护会""互联网用户协会"等网络组织，同网络用户一起积极参与管理①。这些国家的经验有着借鉴和启示意义，我国的互联网舆情监督可以从中汲取经验，制定相应的行业规范，转变目前更多由监管部门或其下属监测中心直接、日常化管理网络舆情的格局，以减轻政府部门在重大舆情事件中受到的来自社会的舆论压力。

互联网行业应在政府认可下，自发建立起组织化、机制化的网络舆情自律协作组织，定期召开行业会议，进行行业内讨论和相互监督，从而实现内部协商、自我管理。不同于中国互联网协会等工信部业务指导和监督管理的行业组织，也不同于北京网络媒体协会等官方色彩浓厚的互联网信息内容领域的行业组织，我们建议成立的是一种聚焦网络舆情、"自我管理"色彩更强的新型行业自律组织。这是为了应对网上舆情发展快、暴发快的特点，以及重大网络舆情多为跨平台传播的情况，在业内协同的基础上可以提升舆情治理效率和效果。这也是在目前"企业内部管理＋政府监管＋社会监督"的治理

---

① 常锐. 网络舆情治理的国际经验与启示. 理论月刊，2017（7）.

格局中，引入"行业互助"这一新的环节，使企业间在舆情治理这一问题上及时互通信息、及早采取措施，而不是各自为战，甚至"互看笑话"。

应借助行业协会这一管理平台，制定合适的行业公约，以企业自觉为原则。这不仅有利于行业的伦理规范和自我管理，也能够提升社会对行业的信任感。

与政府的政策法规相配合，通过立法鼓励网络行业组织的自律行为，以政府组织颁布奖项等方式对行业内自律程度较高的企业予以肯定，起到激励、示范的效果。

二是通过人工智能等先进技术，建立强有力的内部机制，主动规避网络舆情风险。

习近平总书记指出："以互联网为代表的信息技术日新月异，引领了社会生产新变革，创造了人类生活新空间，拓展了国家治理新领域，极大提高了人类认识世界、改造世界的能力。"互联网在促进经济全球化发展、推动社会全面进步等方面发挥着惊人的作用，其迅猛发展以及对社会生产生活的全面渗入，也对国家的长治久安提出了新的挑战和新的课题。自从互联网接入中国，它就开始对中国政治经济社会各方面产生深刻影响和改变，也随之产生了管理与引导互联网健康发展的问题。加强互联网建设和管理，积极引导互联网健康发展，确保网络信息安全，实现国家和社会长治久安，必然要求中国共产党从事关执政地位和长期执政的高度大力加强党的网络执政能力建设。

互联网技术的发展客观上助推了舆情，而新的技术手段同样也带来了破解舆情问题的创新方式。特别是对"两微"平台，应着力加强人工智能技术建设，积极运用在对负面内容、风险舆情的发现和管控之中，实现舆情这一与技术发展密切相关的问题由先进技术来有效防范和破解。

网络平台企业应积极发展信息技术，完善负面舆情散播的阻断机制。信息和舆论的监督管控有较大的困难，作为互联网舆论平台，

"两微"等平台企业必须加强制度和技术建设，除了有利于商业发展的技术外，还应该在用于网络信息控制和舆论监督的技术研发方面加大投入，建立完备健全的网络舆情监控系统和阻断机制。其中，最为重要的一点是要加强舆论监控技术的灵敏性，只有及时发现舆论苗头，在舆情传播的第一阶段就进行判断和控制，才能使舆论监管的效果最大化，做到先知先觉，先声夺人，先行发布，权威跟进，澄清真相，遏断谣传，最大限度挤压负面信息传播的空间，抢占舆论制高点，从而实现从源头上阻断负面舆情散播和传输①。在建立灵敏的监督体系的基础上，还应该构建起有效的信息净化机制，及时对不良信息作出反应，对平台上的负面舆论进行有效的清理和管制，真正做到平台的净化和舆论的正向引导。因此，在技术层面，不仅要重视产品社交功能的完善，还应重视舆论监督管理体系的架构，这是网络平台实现自律的重要方面。

六、吸取国外经验教训，确立符合国情的治理模式

国外网络信息发达国家在网络舆情监管方面积累了许多有益经验，值得借鉴。通过分析梳理可发现，国外的网络舆情治理分为法律政策、行政管理和企业自治三个方面。

一是制定高层级的互联网战略和基础法律。

网络舆情具有长期性和复杂性，并且负面舆情一旦暴发，对于社会的影响极大。因此，依靠法律强制手段针对互联网信息沟通作出管理规制是每一个信息化国家都十分重视的措施。

例如美国于 2003 年发布《确保网络安全国家战略》。2011 年 5 月，奥巴马政府又颁布首份全球网络安全战略——《网络空间国际战略：网络世界中的繁荣、安全与开放》，基于法律基础，对于网络空间法制化作出了明确的指向。英国制定了《防止滥用电脑法》打击网

---

① 毕秋灵. 论社会安全稳定视阈下的"微信"舆情传播特征及其管控. 管理观察，2016（23）.

络犯罪，制定了《数据保护法》和《隐私和电子通信条例》以保护公民个人隐私；法国则制定了《信息社会法案》管理本国的网络舆情问题①。德国对网络舆情采取的是"宪法的直接保护和特别的立法保护、限制相结合"的方式。1997 年 6 月，德国立法者通过《信息和传播服务法》（ICSA，又称《多元媒体法》），涉及互联网服务商的责任、保护个人隐私、数字签名、网络犯罪和保护未成年人等方面②。从 2002 年开始，韩国即逐步采取网络实名制管理，不断完善通过《促进利用信息通信网及个人信息保护有关法律》等相关法律文书，实现网络空间的实名化，以期减少网络匿名性对于网络言论空间的侵害。

我们在借鉴他国舆情管理经验的同时，也要充分重视他国在信息化管理中出现的问题。例如 2018 年脸书的用户数据信息大规模泄露事件也提醒了我们，不仅要在信息流通环节重视秩序，而且在信息保存管理环节也应该充分重视用户权益，保证网民的隐私安全。

二是确立符合本国实际情况的政府管理模式。

国外针对网络舆情的行政管理主要有三种模式：一是以新加坡为代表的严格主义模式，该模式主张对网络舆情进行严厉的管制，建立相应的内容审查制度，从而维护本国及本民族的价值观、传统文化。二是以美国为代表的自由主义模式，美国对网络舆情的监管尊重公民的自由言论权，主要依靠行业自律。加拿大政府对网络舆情实行更加宽松的自我规制模式，即使是负面舆情信息，除依据法律需要制裁外，仍然依赖用户与行业自律来解决。三是以英国为代表的折中主义模式，英国对网络舆情的管控以网络行业自律为主、政府监管为辅，这也是国际互联网监管的共同思路，政府通过制定相关政策进行引

---

① 杨一，杨雨婷，张华尔实，等. 国外网络舆情管理与引导的主要经验以及对我国的启示. 国际视野，2016（7）.

② 薛瑞汉. 国外网络舆情管理和引导的主要经验及对我国的启示. 中共福建省委党校学报，2012（9）.

导，其他则主要依靠行业自律①。

作为正在经历互联网舆情发展初期的社会主义国家，社会稳定和民族团结应是互联网舆情管制的首要目标。因此，我国在借鉴他国经验基础之上也应该结合本国国情，在尊重互联网用户表达权利的基础之上，对于危害国家安全、侵害个人权益等负面舆情进行及时管制。

三是充分发挥互联网企业和社会组织管理探索的积极性。

就互联网舆情发展的特点和不同国家的网络舆情发展阶段而言，行业自律是为政府、企业，以及社会接受范围最广的治理方案。而作为网络规则的主要实践者和网络舆情发展的主要推动者，互联网企业也应该担负起维护互联网秩序、共建自由安全的网络空间的主要责任。

例如在英国，由网络服务提供商协会、伦敦互联网交流平台和安全网络基金三家社会组织讨论起草，并于 1996 年 9 月联合颁布了《R3 安全网络协议》。在该协议中，R3 分别代表分级管理（rating）、告发举报（reporting）和承担责任（responsibility）。该协议的宗旨是消除网络儿童色情内容和其他有害网络信息。

在我国，由于互联网资源发展的不均衡，腾讯、新浪等大型企业占据了互联网信息流通的大部分资源，这些企业更应该担负起应有的社会责任，在网络舆情的管理和引导方面达成社会共识，制定出符合社会利益和国家利益的行业规范并推行之。

---

① 毛欣娟，张可，王新婷. 国外网络舆情规制经验及启示. 中国人民公安大学学报，2014（2）.

第 5 章 ···

中国互联网治理的展望

5

中国互联网治理的展望

2020 年 12 月 16 日至 18 日，中央经济工作会议在北京举行。会议特别指出，要"强化反垄断和防止资本无序扩张。反垄断、反不正当竞争，是完善社会主义市场经济体制、推动高质量发展的内在要求。国家支持平台企业创新发展、增强国际竞争力，支持公有制经济和非公有制经济共同发展，同时要依法规范发展，健全数字规则。要完善平台企业垄断认定、数据收集使用管理、消费者权益保护等方面的法律规范。要加强规制，提升监管能力，坚决反对垄断和不正当竞争行为。金融创新必须在审慎监管的前提下进行"。显然，在可以预见的将来，中国互联网治理的重点将是反垄断。

第 1 节　未来互联网治理的重点之一：反垄断

中国人民大学新闻学院新媒体研究所通过实证研究，发现我国部分互联网平台为维护、扩大自身利益和影响力，防范、打击已有和潜在竞争对手，凭借强大的资源优势，对立法、司法、行政执法等公权力和舆论传播权施加不当影响，明显损害了国家整体利益、社会公众利益和行业健康发展，对党管媒体、党管新闻、坚持正确的舆论导向形成挑战，给国家安全特别是党的执政安全、意识形态安全和国家经济安全带来了风险隐患，应以制度安排加强互联网环境下公权力机关"免疫力"和"抵抗力"建设，以政策举措有效防控互联网成为搬弄是非、造谣生事、攻击对手的舆论平台，以法律法规有力消除互联网垄断行为对数字经济和科技创新的严重损害。

一、超级平台对公权力施加不当影响日趋常态化、危害日益显性化

其一，对立法权施加不当影响，是超级平台从源头上对公权力施加不当影响的重要动作。超级平台凭借垄断地位和自身影响力、话语

权，对公权力施加不当影响，通过各种手段影响立法是较为常见的方式。受某些游戏行业巨头影响，2015 年修订的《广告法》最终删除了遏制游戏向未成年人过度推广的表述，此后游戏巨头千方百计吸引低龄用户，导致广大青少年沉迷游戏不能自拔。如今，青少年沉迷游戏成为严重的社会问题，反复引起中央领导和监管部门的关切，不断要求采取措施加以解决，但解决的难度依然很大，这与某些互联网巨头对立法权等公权力不断施加各种不当影响，与监管要求和社会良知持续博弈和对抗密切相关。在《电商法》修订过程中，某些互联网巨头积极推动促成将电商应负的"连带责任"修改为"相应责任"，这与现行的相关法律规定存在冲突，极不利于保护消费者权益和健康、生命安全，受到消费者保护协会和用户的强烈诟病。个别互联网巨头在取得独占地位后，滥用优势市场地位，控制社交平台入口，独占数据和流量，屏蔽打压新一代互联网企业，阻断互联互通和企业、产业的创新发展，损害亿万消费者的通信自由和选择网络服务等合法权益，引发国内外广泛关注。这类互联网领域的垄断行为危害越来越明显，但在现行《反垄断法》中难以得到有效规制和惩治，和超级平台对立法施加的不当影响不无关系。近年来，某些互联网巨头频繁召开反垄断、知识产权领域专家研讨会，输出偏向和维护其垄断利益的观点，甚至借助媒体报道宣称此类观点是"一锤定音"，试图干扰完善《反垄断法》相关规定、遏制互联网领域垄断行为的修法工作，也激起受其垄断打压的新崛起的创新型科技企业和中小企业的强烈反对。

其二，对司法权施加不当影响，是超级平台保持垄断地位获取不当得利的重要手段。随着互联网行业竞争越来越激烈，各类矛盾和纠纷越来越多，诉诸法院的各类"官司"也越来越多。为了保护自身的利益，打赢官司，互联网超级平台凭借各种社会和法律资源，采用多种手段不当影响司法，甚至蓄意构造案件，推动用户对竞争对手提起诉讼，作出有利于保持超级平台垄断地位、打击竞争对手、获取不当得利的判决。

其三，对执法权施加不当影响，是超级平台"化险为夷"并借机打压竞品的惯用方式。为了保障互联网行业的健康有序发展，相关监管部门、行政部门近年来加大了对严重违法违规行为的调查和执法力度，一批违法违规的网站、App、自媒体账号被整治和关闭。而互联网超级平台的"抗风险"能力要强大得多，凭借自身影响力、资源力和关系网络，往往可以在执法中"化险为夷"，甚至借力执法对竞争对手进行打压。

其四，对舆论传播权施加不当影响，是超级平台削弱主流舆论主导权、控制权的严重行为。互联网超级平台以多种方式对舆论传播权施加不当影响，包括以资本布局内容生产和输出体系、以技术产品优势捆绑媒体、隐身幕后组织策划攻击对手舆论战、以垄断地位设置平台规则借机打压对手、推动官方研究机构以不符实际的研究观点为企业私利背书，致使网上假新闻、黑公关乱象频发，热点舆情事件不断，削弱了社会主流舆论的主导权和控制权。

二、防控和治理超级平台不当影响公权力行为要制度化、法治化

习近平总书记强调，互联网已经成为我们党长期执政所要面对的"最大变量"，如果我们过不了互联网这一关，就过不了长期执政这一关。习近平总书记指出，要形成良好网上舆论氛围，"不能搬弄是非、颠倒黑白、造谣生事、违法犯罪，不能超越了宪法法律界限"，"我国互联网市场也存在一些恶性竞争、滥用市场支配地位等情况，中小企业对此意见不少。这方面，要规范市场秩序，鼓励进行良性竞争。这既有利于激发企业创新活力、提升竞争能力、扩大市场空间，又有利于平衡各方利益、维护国家利益、更好服务百姓"。防范和消除互联网对党长期执政和国家安全带来的风险，就要有力消除互联网寡头化、垄断化带来的威胁，采取强有力的政策举措、制度安排和法律法规，防控和治理互联网超级平台对公权力施加不当影响，使互联网这个"最大变量"成为事业发展的"最大增量"。

一是从党的执政安全高度认识互联网超级平台对公权力施加不当影响的危害性，加强互联网环境下公权力机关"免疫力"和"抵抗

力"建设。应以"制度安排"为抓手，增强公权力对互联网超级平台的"免疫力"和"抵抗力"，重点是建立涉互联网的公权力监察体制、政商交往准则、长效监督机制和同业监督制度。需要制定规范互联网政商关系、防范超级平台对公权力施加不当影响的规定，建议由国家网信办牵头、有关部门参与，遵循"能力越大、责任越大"的原则，对超级平台和公权力的交往行为提出清晰、具体、有可操作性的要求，科学界定互联网企业的合理诉求、行为方式和不当行为。健全对公职人员涉互联网企业行为的长效监督机制，重点是加强对公检法领域离职人员流向超级平台的监管。建立同业监督制度，建议在中央纪委、国家监委设立专门的新经济监察局，在与互联网相关的行业、市场监管部门、公检法等设立分领域的举报受理机构，常态化接收和处理来自互联网中小企业、创业者和社会公众关于超级平台凭借垄断地位开展不正当竞争、无故封禁竞争对手、强迫消费者"二选一"、对公权力施加不当影响等的举报，定期向社会披露查实的超级平台不当行为，形成警示效应。鼓励有真凭实据的检举，对捏造事实、提供虚假信息的，监管部门应严格禁止和严肃查处，并将不实举报纳入企业和个人诚信记录。

二是从意识形态安全角度认清超级资本对舆论传播权的争夺，有效防控互联网成为搬弄是非、颠倒黑白、造谣生事、攻击对手的舆论平台。在政策导向上应明确传媒业对互联网资本开放的范围、方式和步骤，针对传媒业不同门类与环节的特点实施分类指导、区别对待和重点监管。制定追惩办法，以"事后管理"的方式防范已进入传媒领域的互联网超级资本对社会舆论的幕后操纵和负面影响。我国须发挥集中力量办大事的制度优势，集中精力和财力打造以"学习强国"App 为旗舰、重点央媒全媒体产品矩阵一体化的生态系统，从智能技术、用户体验、优质内容、"大 V"培育等多方面持续发力，不断提高主流媒体对新闻舆论的传播力、引导力、影响力和公信力。充分利用人工智能、5G、大数据、区块链等新技术手段，加强对超级平台利用入股新媒体和操纵自媒体，攻击竞争对手、制造舆论热点、煽动社会情绪等非法活动的技术侦测和智能分析，及时识别违规违法内容，有效防控发布源头，强力阻断传播路径。

三是从国家经济安全高度重视互联网超级平台垄断和不正当竞争，有力消除互联网垄断行为对数字经济和科技创新的严重损害。应以严肃的反垄断、反不正当竞争执法，消除超级平台不当影响公权力的经济动机和利益贪欲，开展既切合我国实际、也借鉴国际先进经验的反垄断立法司法执法工作。维护市场寡头地位和垄断利益，是超级平台千方百计对公权力施加不当影响的主要目的。互联网社交巨头利用对入口流量的垄断和控制、对竞争对手封禁和打压，严重危害科技创新和行业健康发展，削弱中国互联网的国际竞争力，对国家安全、经济安全造成潜在威胁。国家市场监督管理总局近期部署的互联网等重点领域反不正当竞争执法行动，要对这一新型垄断、不正当竞争行为进行重点整治。要加强对反垄断法、反不正当竞争法和电信、互联网领域相关行业法规适用过程中出现的新情况的研究，及时出台司法解释，进行修法工作。应在新形势下科学界定基础电信业务，将超级平台具有基础设施性质的核心业务纳入其中，合理承担公共责任，而不能仅凭自身商业利益最大化私利"任性而为"，对中小企业随意封禁和打压，造成行业的"寒蝉效应"，助长超级平台面对监管执法时的强硬和傲慢。欧美反垄断机构都认为超级平台是互联网产业的"必要设施"，搭售、拒绝交易等滥用市场地位的行为非法，欧盟曾对谷歌、脸书此类不当行为多次立案调查，美国在反垄断实践中特别重视保护创新和以经济分析的方式量化超级平台垄断行为的负面影响和危害，进行有力惩治。这些经验和做法值得我国认真研究借鉴。

第 2 节　未来互联网治理的重点之二：网络信息安全

在可以预见的将来，除了反垄断之外，网络信息安全亦是中国互联网治理的重点。

2021 年 7 月，中国国家互联网信息办公室全面负责监管在国外上市的中国公司。中国政府印发《关于依法从严打击证券违法活动的意见》，提出进一步加强跨境监管执法司法协作，加强跨境监管合作，抓紧修订关于加强在境外发行证券与上市相关保密和档案管理工作的规定，压实境外上市公司信息安全主体责任。

中国网络安全监管机构就网约车巨头滴滴出行的网络安全，向公司发出警讯。2021 年 6 月 30 日，滴滴出行在纽约挂牌。两天后，中国监管机构对滴滴出行实施网络安全审查，要求滴滴出行停止新用户注册。7 月 2 日，国家网信办发布公告称，为防范国家数据安全风险，维护国家安全，保障公共利益，依据《中华人民共和国国家安全法》《中华人民共和国网络安全法》，网络安全审查办公室按照《网络安全审查办法》，对滴滴出行实施网络安全审查。为配合网络安全审查工作，防范风险扩大，审查期间滴滴出行停止新用户注册。7 月 4 日进一步宣布，滴滴出行存在严重违法违规收集使用个人信息问题，通知应用商店将其下架。

对于网络安全审查，滴滴出行低调回应称，将积极配合，在相关部门的监督指导下，全面梳理和排查网络安全风险，持续完善网络安全体系和技术能力。

2021 年 11 月 16 日，国家网信办 2021 年第 20 次室务会议审议通过的《网络安全审查办法》规定，掌握超过 100 万用户个人信息的网络平台运营者赴国外上市，必须向网络安全审查办公室申报网络安全审查。

《网络安全审查办法》明确了网络安全审查的考虑因素，指出将重点评估采购活动、数据处理活动以及国外上市可能带来的国家安全风险，包括产品和服务使用后带来的关键信息基础设施被非法控制、遭受干扰或破坏的风险；产品和服务供应中断对关键信息基础设施业务连续性的危害；产品和服务的安全性、开放性、透明性、来源的多样性，供应渠道的可靠性以及因为政治、外交、贸易等因素导致供应中断的风险；产品和服务提供者遵守中国法律、行政法规、部门规章情况；核心数据、重要数据或大量个人信息被窃取、泄露、毁损以及非法利用或出境的风险。此外，还包括国外上市后关键信息基础设施、核心数据、重要数据或大量个人信息被国外政府影响、控制、恶意利用的风险，以及其他可能危害关键信息基础设施安全和国家数据安全的因素。

《网络安全审查办法》指出，网络安全审查坚持防范网络安全风险与促进先进技术应用相结合、过程公正透明与知识产权保护相结合、事前审查与持续监管相结合、企业承诺与社会监督相结合，从产品和服务安全性、可能带来的国家安全风险等方面进行审查。还指出，运营者采购网络产品和服务的，应当预判该产品和服务投入使用后可能带来的国家安全风险。影响或者可能影响国家安全的，应当向网络安全审查办公室申报网络安全审查。

附　录

中国有关互联网治理的主要法律法规表

治理法规或文件名称	发布（通过或生效）时间	发布机构
计算机信息网络国际联网安全保护管理办法	1997 年 12 月	公安部
计算机信息系统国际联网保密管理规定	2000 年 1 月	国家保密局
教育网站和网校暂行管理办法	2000 年 7 月	教育部
互联网信息服务管理办法	2000 年 9 月	国务院
互联网站从事登载新闻业务管理暂行规定	2000 年 11 月	国务院新闻办公室、信息产业部
全国人民代表大会常务委员会关于维护互联网安全的决定	2001 年 1 月	全国人大常委会
高等学校计算机网络电子公告服务管理规定	2001 年 11 月	教育部
互联网上网服务营业场所管理条例	2002 年 2 月	国务院
互联网等信息网络传播视听节目管理办法	2004 年 7 月	国家广电总局
最高人民法院、最高人民检察院关于办理利用互联网、移动通讯终端、声讯台制作、复制、出版、贩卖、传播淫秽电子信息刑事案件具体应用法律若干问题的解释	2004 年 9 月	最高人民法院、最高人民检察院

续表

治理法规或文件名称	发布（通过或生效）时间	发布机构
公安部关于对网吧安全管理系统是否属于安全技术措施等问题的答复	2005 年 1 月	公安部
互联网著作权行政保护办法	2005 年 4 月	国家版权局、信息产业部
关于网络游戏发展和管理的若干意见	2005 年 7 月	文化部、信息产业部
互联网新闻信息服务管理规定	2005 年 9 月	国务院新闻办公室、信息产业部
互联网安全保护技术措施规定	2005 年 12 月	公安部
信息网络传播权保护条例	2006 年 5 月	国务院
互联网视听节目服务管理规定	2007 年 12 月	国家广电总局、信息产业部
广电总局关于加强互联网传播影视剧管理的通知	2007 年 12 月	国家广电总局
广电总局关于加强互联网视听节目内容管理的通知	2009 年 3 月	国家广电总局
外国机构在中国境内提供金融信息服务管理规定	2009 年 4 月	国务院新闻办公室、商务部、国家工商行政管理总局
互联网医疗保健信息服务管理办法	2009 年 5 月	卫生部
关于计算机预装绿色上网过滤软件的通知	2009 年 5 月	工业和信息化部
最高人民法院、最高人民检察院关于办理利用互联网、移动通讯终端、声讯台制作、复制、出版、贩卖、传播淫秽电子信息刑事案件具体应用法律若干问题的解释（二）	2010 年 2 月	最高人民法院、最高人民检察院
网络游戏管理暂行办法	2010 年 6 月	文化部
互联网文化管理暂行规定	2011 年 2 月	文化部
全国人民代表大会常务委员会关于加强网络信息保护的决定	2012 年 12 月	全国人大常委会

续表

治理法规或文件名称	发布（通过或生效）时间	发布机构
最高人民法院关于审理侵害信息网络传播权民事纠纷案件适用法律若干问题的规定	2012 年 12 月	最高人民法院
信息网络传播权保护条例（2013 修订）	2013 年 1 月	国务院
电信和互联网用户个人信息保护规定	2013 年 7 月	工业和信息化部
最高人民法院、最高人民检察院关于办理利用信息网络实施诽谤等刑事案件适用法律若干问题的解释	2013 年 9 月	最高人民法院、最高人民检察院
最高人民法院关于审理利用信息网络侵害人身权益民事纠纷案件适用法律若干问题的规定	2014 年 8 月	最高人民法院
即时通信工具公众信息服务发展管理暂行规定	2014 年 8 月	国家互联网信息办公室
国家新闻出版广电总局关于进一步落实网上境外影视剧管理有关规定的通知	2014 年 9 月	国家新闻出版广电总局
互联网危险物品信息发布管理规定	2015 年 2 月	公安部、国家互联网信息办公室、工业和信息化部、环境保护部、国家工商行政管理总局、国家安全生产监督管理总局
互联网用户账号名称管理规定	2015 年 2 月	国家互联网信息办公室
互联网危险物品信息发布管理规定	2015 年 2 月	公安部、国家互联网信息办公室、工业和信息化部、环境保护部、国家工商行政管理总局、国家安全生产监督管理总局

续表

治理法规或文件名称	发布（通过或生效）时间	发布机构
互联网新闻信息服务单位约谈工作规定	2015 年 4 月	国家互联网信息办公室
中华人民共和国国家安全法	2015 年 7 月	全国人大常委会
互联网等信息网络传播视听节目管理办法（2015 修订）	2015 年 8 月	国家新闻出版广电总局
互联网视听节目服务管理规定（2015 修订）	2015 年 8 月	国家新闻出版广电总局
国务院办公厅关于加强互联网领域侵权假冒行为治理的意见	2015 年 10 月	国务院
网络出版服务管理规定	2016 年 2 月	工业和信息化部、国家新闻出版广播电影电视总局
中华人民共和国电信条例	2016 年 2 月	国务院
移动互联网应用程序信息服务管理规定	2016 年 6 月	国家互联网信息办公室
互联网信息搜索服务管理规定	2016 年 8 月	国家互联网信息办公室
互联网直播服务管理规定	2016 年 12 月	国家互联网信息办公室
互联网新闻信息服务管理规定	2017 年 5 月	国家互联网信息办公室
互联网新闻信息服务许可管理实施细则	2017 年 5 月	国家互联网信息办公室
中华人民共和国网络安全法	2017 年 6 月	全国人大常委会
互联网信息内容管理行政执法程序规定	2017 年 6 月	国家互联网信息办公室
互联网论坛社区服务管理规定	2017 年 8 月	国家互联网信息办公室
互联网跟帖评论服务管理规定	2017 年 8 月	国家互联网信息办公室
互联网络域名管理办法	2017 年 8 月	工业和信息化部

续表

治理法规或文件名称	发布（通过或生效）时间	发布机构
互联网群组信息服务管理规定	2017 年 9 月	国家互联网信息办公室
互联网新闻信息服务新技术新应用安全评估管理规定	2017 年 10 月	国家互联网信息办公室
互联网新闻信息服务单位内容管理从业人员管理办法	2017 年 10 月	国家互联网信息办公室
互联网药品信息服务管理办法	2017 年 11 月	国家食品药品监督管理局
微博客信息服务管理规定	2018 年 2 月	国家互联网信息办公室
中华人民共和国反恐怖主义法（2018 修正）	2018 年 4 月	全国人大常委会
公安机关互联网安全监督检查规定	2018 年 9 月	公安部
具有舆论属性或社会动员能力的互联网信息服务安全评估规定	2018 年 11 月	国家互联网信息办公室
区块链信息服务管理规定	2019 年 1 月	国家互联网信息办公室
儿童个人信息网络保护规定	2019 年 8 月	国家互联网信息办公室
网络信息内容生态治理规定	2019 年 12 月	国家互联网信息办公室
网络安全审查办法	2020 年 4 月	国家互联网信息办公室、国家发展和改革委员会、工业和信息化部、公安部、国家安全部、财政部、商务部、中国人民银行、国家市场监督管理总局、国家广播电视总局、国家保密局、国家密码管理局

续表

治理法规或文件名称	发布（通过或生效）时间	发布机构
互联网用户公众账号信息服务管理规定	2021 年 1 月	国家互联网信息办公室
关键信息基础设施安全保护条例	2021 年 8 月	国务院

参考文献

奥格斯. 规划：法律形式与经济学理论. 北京：中国人民大学出版社，2008.

洛贝尔. 新新政：当代法律思想中管制的衰落与治理的兴起//罗豪才，毕洪海. 行政法的新视野. 北京：商务印书馆，2011.

洛贝尔. 作为规制治理的新治理//冯中越. 社会性治理评论：第2辑. 北京：中国财政经济出版社，2014.

常健，郭薇. 行业自律的定位、动因、模式和局限. 南开学报（哲学社会科学版），2011（1）.

陈春彦. 互联网促进公民参与决策的"有限性"：以"2014年假日安排"为例. 今传媒，2014，22（10）.

陈纯柱，韩兵. 我国网络言论自由的治理研究. 山东社会科学，2013（5）.

陈富良，何笑. 社会性治理的冲突与协调机制研究. 江西社会科学，2009（5）.

戴元光，周鸿雁. 美国关于新媒体治理的争论. 当代传播，2014（6）.

杜虹. 网络安全审查要明确法律依据和机构职能. 中国信息安全，2014（8）.

葛兆光. 文史研究新视野：主持人的话. 复旦学报（社会科学

版)，2007（3）.

顾洁. 新制度主义理论下的互联网治理模式与理论框架重塑. 当代传播，2016（1）.

顾理平，徐尚青. 微博实名制："错装在政府身上的手"：兼论基于"成本-收益"分析的网络空间治理理念与管理战略. 新闻与传播研究，2013（9）.

顾昕，王旭. 从国家主义到法团主义. 社会学研究，2005（2）.

郭丝露，张文豪. 赚的是钱，要的却是命. 南方周末，2016-01-21.

郭薇. 政府监管与行业自律：论行业协会在市场治理中的功能与实现条件. 北京：中国社会科学出版社，2011.

中华人民共和国国务院新闻办公室. 中国互联网状况. 国务院新闻办公室网站，2010-06-08.

中华人民共和国国务院新闻办公室. 2013年中国人权事业的进展. 国务院新闻办公室网站，2014-05-26.

韩超. 制度影响、治理竞争与中国启示. 经济学动态，2014（4）.

韩宁. 微博实名制之合法性探究：以言论自由为视角. 法学，2012（4）.

胡磊. 我国互联网信息服务自律存在的问题及对策研究. 情报杂志，2010（2）.

胡凌. 网站治理：制度与模式. 北大法律评论，2009（2）.

胡颖. 现状、困境与出路：中国互联网话语治理的立法研究. 国际新闻界，2015（3）.

黄阳明. 浅析微博运营商对言论自由的影响. 现代经济（现代物业中旬刊），2013（4）.

纪莺莺. 文化、制度与结构：中国社会关系研究. 社会学研究，2012（2）.

解永照，王彬. 公共治理视野下的公安行政专项治理解析. 中国人民公安大学学报（社会科学版），2011（1）.

卡蓝默. 破碎的民主. 北京：生活・读书・新知三联书店，2005.

哈洛，罗林斯. 法律与行政：下卷. 上海：商务印书馆，2004.

孔繁斌. 公共性的再生产：多中心治理的合作机制构建. 南京：江苏人民出版社，2012.

匡文波. 微信 PK 微博：谁更"凶猛"?. 人民论坛，2013（15）.

匡文波. 新媒体舆论：模型、实证、热点及展望. 北京：中国人民大学出版社，2014.

匡文波. 网络传播学概论. 4 版. 北京：高等教育出版社，2015.

匡文波. 手机媒体概论. 2 版. 北京：中国人民大学出版社，2012.

匡文波. 新媒体概论. 9 版. 北京：中国人民大学出版社，2019.

赖静萍，刘晖. 制度化与有效性的平衡：领导小组与政府部门协调机制研究. 中国行政管理，2011（8）.

莱斯格. 代码 2.0：网络空间中的法律. 北京：清华大学出版社，2009.

李洪雷. 论互联网的治理体制：在政府治理与自我治理之间. 环球法律评论，2014（1）.

李继东. 复合治理：媒介融合时代的治理模式探微. 国际新闻界，2013（7）.

李秀峰，李俊. 我国行业利益集团对治理政策制定过程的影响. 中国青年政治学院学报，2007（1）.

李姿姿. 国家与社会互动理论研究述评. 学术界，2008（1）.

廖进球，陈富良. 政府治理俘虏理论与对治理者的治理. 江西财经大学学报，2001（5）.

刘孔中，王红霞. 通讯传播法新论. 北京：法律出版社，2012.

刘杨. 正当性与合法性概念辨析. 法制与社会发展，2008（3）.

卢现祥. 为什么中国会出现制度"软化"?：基于新制度经济学的视角. 经济学动态，2011（9）.

罗楚湘. 网络空间的表达自由及其限制：兼论政府对互联网内容的

管理. 法学评论，2012 (4).

　　海姆. 从界面到网络空间：虚拟实在的形而上学. 上海：上海科技教育出版社，2000.

　　孟亚男. 政府、市场与社会：我国行业协会的变迁及发展研究. 保定：河北大学出版社，2014.

　　米格代尔. 社会中的国家. 南京：江苏人民出版社，2013.

　　苗红娜. 治理时代西方国家的政府治理改革：兼论后治理政府的兴起. 重庆大学学报（社会科学版），2010 (2).

　　莫斯可. 传播政治经济学. 上海：上海译文出版社，2000.

　　中共中央关于全面推进依法治国若干重大问题的决定. 人民日报，2014-10-29.

　　任丙强. 我国互联网内容管制的现状及存在的问题. 信息网络安全，2007 (10).

　　任贤良. 导向一致 形新神定：关于传统媒体和新兴媒体统筹管理的思考. 红旗文稿，2015 (20).

　　慎海雄. 媒体融合发展之路要走稳走快走好. 中国记者，2014 (5).

　　斯科特. 制度与组织：思想观念与物质利益. 北京：中国人民大学出版社，2010.

　　檀秀侠. 浅析西方政府治理的典型研究路径. 中国行政管理，2011 (11).

　　汪玉凯. 中央网络安全和信息化领导小组的由来及其影响. 中国信息安全，2014 (3).

　　王彬彬. 网络时代的政府革新. 北京：国家行政学院出版社，2013.

　　王磊. 互联网场域下社交网络社区规则研究：以微博社区委员会为例. 科技与法律，2015 (4).

　　王秀军. 网络安全是重大战略问题. 决策与信息，2014 (16).

　　魏蔚. 互联网业遭遇多头监管：政出多门难题未解. 北京商报，

2012-04-20.

吴浩. 国外行政立法的公众参与制度. 北京：中国法制出版社，2008.

吴曼芳. 媒介的政府治理. 北京：中国电影出版社，2008.

夏倩芳. 公共利益界定与广播电视治理：以美国为例. 新闻与传播研究. 2005（1）.

肖永平，李晶. 新加坡网络内容管制制度评析：兼论中国相关制度之完善. 法学论坛，2001（5）.

谢永江，纪凡凯. 论我国互联网管理立法的完善. 国家行政学院学报，2010（5）.

杨海涛，彭闯. 志愿组织过往经历、定向目标及其行动能力. 改革，2013（9）.

杨丽莉. 治理新媒体的四个维度. 今传媒，2014（7）.

杨志军. 运动式治理悖论：常态治理的非常规化：基于网络"扫黄打非"运动分析. 公共行政评论，2015（2）.

杨志强，何立胜. 自我治理理论研究评介. 外国经济与管理，2007（8）.

尹建国. 我国网络信息的政府治理机制研究. 中国法学，2015.

余晖. 美国：政府管制的法律体系. 中国工业经济研究，1994（12）.

余晖. 受管制市场里的政企同盟：以中国电信产业为例. 中国工业经济，2000（1）.

俞可平. 治理与善治. 北京：社会科学文献出版社，2000.

喻国明，苏林森. 中国媒介治理的发展：问题与未来方向. 中国传媒大学学报，2010（1）.

曾茜. 监管的制度化与信息传播的有序化：我国互联网治理的变化及趋势分析. 新闻记者，2014（6）.

湛中乐，郑磊. 分权与合作：社会性治理的一般法律框架重述. 国家行政学院学报，2014（1）.

张红凤，李倩倩. 利益集团治理理论在中国的适用性与局限性探析. 经济与管理评论，2009（2）.

张红凤. 西方政府治理理论变迁的内在逻辑及其启示. 教学与研究，2006（5）.

张康之."协作"与"合作"之辨异. 江海学刊，2006（2）.

张康之. 论社会治理中的协作与合作. 社会科学研究，2008（1）.

张荣. 网络社会中的公共性难题. 社会科学研究，2014（6）.

张万宽，陈佳. 国外共同治理相关研究进展与述评. 理论界，2014（12）.

张小罗. 论网络媒体之政府管制. 北京：知识产权出版社，2009.

张志铭，李若兰. 内容分级制度视角下的网络色情淫秽治理. 浙江社会科学，2013（6）.

郑宁. 互联网信息内容监管领域的约谈制度：理论阐析与制度完善. 行政法学研究，2015（5）.

郑永年. 技术赋权：中国的互联网、国家与社会. 上海：东方出版社，2014.

植草益. 微观治理经济学. 北京：中国发展出版社，1992.

钟瑛，张恒山. 论互联网的共同责任治理. 华中科技大学学报（社会科学版），2014（6）.

周小普，王丽雅，王冲. 英美数字媒体内容治理初探. 国际新闻界，2007（11）.

弗里曼. 合作治理与新行政法. 北京：商务印书馆，2010.

朱伟峰. 中国互联网监管的变迁、挑战与现代化. 新闻与传播研究，2014（7）.

朱新力，魏小雨. 网络服务提供者的治理模式. 浙江大学学报（人文社会科学版），2014（6）.

邹焕聪. 社会合作管制：模式界定、兴起缘由与正当性基础. 江苏大学学报（社会科学版），2013（2）.

邹家华. 国务院信息化工作领导小组成立：邹家华就我国信息化

建设的有关问题发表重要讲话. 电子展望与决策，1996（3）.

左文君，叶正国. 论网络治理模式的转换及其立法选择. 学习与实践，2014（12）.

ABBOTT K W，SNIDAL D. Hard and soft law in international governance. International organization，2000，54（3）.

ANG，PENG. "The possibilities and limits of self-regulation of cyberspace"，The annual meeting of the International Communication Association，Marriott Hotel，San Diego，CA，May 27，2003.

BLACK J. Decentring regulation: understanding the role of regulation and self-regulation in a "post-regulatory" world. Current legal problems，2001，54（1）.

DAN H. Power and right: "Yulun Jiandu" as a practice of Chinese media from an institutionalism perspective. Journalism studies，2011，12（1）.

DONG F. Controlling the internet in China: the real story. Convergence: the international journal of research into new media technologies，2012，18（4）.

EPSTEIN K J，TANCER B. Enforcement of use limitations by internet services providers: how to stop that hacker, cracker, spammer, spoofer, flamer, bomber. Hastings Comm. & Ent. LJ，1996.

FALLOWS J. The connection has been reset. Atlantic monthly，2008，301（2）.

GARNAR M. Consent of the networked: the worldwide struggle for internet freedom by Rebecca MacKinnon（review）. Libraries and the academy，2013，13（1）.

GILLEN M. Internet co-regulation: European law, regulatory governance and legitimacy in cyberspace. Asian journal of communication，2013，23（2）.

HETCHER S A. The FTC as internet privacy norm entrepreneur. Vanderbilt law review, 2000, 53 (6).

HOGWOOD B W. Developments in regulatory agencies in Britain. International review of administrative sciences, 1990, 56 (4).

JARVENPAA S L, TILLER E H, SIMONS R. Regulation and the internet: public choice insights for business organizations. California management review, 2003, 46 (1).

LEVI-FAUR D. The global diffusion of regulatory capitalism. Annals of the American academy of political and social science, 2005: 598.

MARTIN S. Engaging with citizens and other stakeholders. Government public relations: a reader, 2007.

MURRAY, ANDREW. The regulation of cyberspace: control in the online environment. London: Routledge, 2007.

NEWMAN A L, BACH D. Self-regulatory trajectories in the shadow of public power: resolving digital dilemmas in Europe and the United States. Governance, 2004, 17 (3).

PALFREY J. Four phases of internet regulation. Social research, 2010.

VERBRUGGEN P. Does co-regulation strengthen EU legitimacy?. European law journal, 2009, 15 (4).

WEBER I, JIA L. Internet and self-regulation in China: the cultural logic of controlled commodification. Media, culture & society, 2007, 29 (5).

YANG F, MUELLER M L. Internet governance in China: a content analysis. Chinese journal of communication, 2014, 7 (4).

"认识中国·了解中国" 书系